DEUTSCH

Rechtschreibung 5. und 6. Klasse
ISBN 3-411-05683-5

Rechtschreibung 7. und 8. Klasse
ISBN 3-411-05692-4

Grammatik 5. und 6. Klasse
ISBN 3-411-71372-0

Grammatik 7. und 8. Klasse
ISBN 3-411-71382-8

Diktattrainer 5. Klasse
Mit Audio-CD zum Üben
ISBN 3-411-71012-8

Diktattrainer 6. Klasse
Mit Audio-CD zum Üben
ISBN 3-411-71022-5

Diktattrainer 7. Klasse
Mit Audio-CD zum Üben
ISBN 3-411-71032-2

Diktattrainer 8. Klasse
Mit Audio-CD zum Üben
ISBN 3-411-71042-X

Aufsatz/Erzählen
5. bis 7. Klasse
ISBN 3-411-05822-6

Aufsatz/Bericht
5. bis 8. Klasse
ISBN 3-411-05732-7

Aufsatz/Inhaltsangabe
7. bis 9. Klasse
ISBN 3-411-05801-3

Aufsatz/Beschreibung
7. bis 10. Klasse
ISBN 3-411-05761-0

Aufsatz/Erörterung
8. bis 10. Klasse
ISBN 3-411-05741-6

ENGLISCH

Englisch 5. Klasse
ISBN 3-411-71282-1

Englisch 6. Klasse
ISBN 3-411-71292-9

Englisch 7. Klasse
ISBN 3-411-71302-X

Englisch 8. Klasse
ISBN 3-411-71311-9

Englisch 9. Klasse
ISBN 3-411-71321-6

Englisch 10. Klasse
ISBN 3-411-71331-3

FRANZÖSISCH

Französisch 7. Klasse
ISBN 3-411-70241-9

Französisch 8. Klasse
ISBN 3-411-70251-6

Französisch 9. und 10. Klasse
ISBN 3-411-70261-3

Duden Schülerhilfen

Dreieckskonstruktionen
Konstruktionsverfahren verstehen
und anwenden

von Hans Borucki
mit Illustrationen von Detlef Surrey

2., aktualisierte Auflage

Dudenverlag
Mannheim · Leipzig · Wien · Zürich

Bibliografische Information der Deutschen Bibliothek
Die Deutsche Bibliothek verzeichnet diese
Publikation in der Deutschen Nationalbibliografie;
detaillierte bibliografische Daten sind im Internet
über http://dnb.ddb.de abrufbar.

Redaktion: Simone Senk
Herstellung: Annette Scheerer
Satz: zeichenstrom Axel Schilling, Hirz-Maulsbach/Westerwald
Umschlagkonzept: Bender & Büwendt, Berlin
Umschlagabbildung: Detlef Surrey
Druck: Druckhaus Langenscheidt KG, Berlin
Bindearbeit: Schöneberger Buchbinderei, Berlin
Printed in Germany
ISBN 3-411-05672-X

Liebe Schülerin, lieber Schüler,

von klein auf macht es dem Menschen Freude, etwas zu konstruieren. Kaum dem Säuglingsalter entwachsen, konstruieren Kleinkinder mit großer Freude aus ihren Bausteinen wackelige Türme. Und wenn diese unter lautem Getöse zusammenstürzen, so ist auch das ein Grund zur Freude, weil dann die Steine ja wieder für neue Konstruktionsversuche zur Verfügung stehen. Später dann werden mit Legosteinen wahre Kunstwerke der Technik konstruiert. Und so mancher Hobbykeller beweist, dass auch im fortgeschrittenen Alter die Freude am Konstruieren nicht verloren geht.

Warum aber bereitet die Konstruktion geometrischer Figuren so vielen Schülern Probleme? Sicher nur deshalb, weil sie im Unterricht nicht mitkommen. Diese Gefahr besteht durchaus. Einige Konstruktionsaufgaben sind ziemlich zeitaufwendig, und so können im Unterricht oft nur ganz wenige typische Beispiele behandelt werden. Für viele Schüler reicht das jedoch nicht aus, um in Klassenarbeiten, Hausaufgaben oder anderen Leistungstests bestehen zu können.

Also muss geübt werden. Und aufs Üben ist dieser Band der Duden-Schülerhilfen angelegt. Zunächst wird jeweils ein bestimmter Aufgabentyp anhand von mehreren Beispielen vorgeführt, dann folgen zahlreiche Aufgaben ähnlicher Art. Solltest du mit einer Aufgabe nicht zurande kommen, dann findest du Hilfe im Kapitel „Tipps und Lösungshinweise".

Beim Üben solltest du eins nicht vergessen: Nur wer wirklich versucht selbstständig zu arbeiten, der kann auch wirklich etwas dabei lernen.

Vorwort

Um dir das Lernen zu erleichtern, sind optische Hilfen eingebaut. Besonders gekennzeichnet sind auf diese Weise

Merksätze,

Regeln,

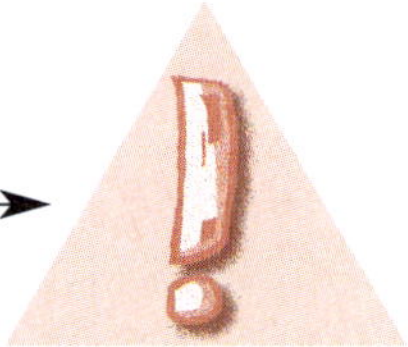

Beispiele, wie man Dreiecke aus den verschiedensten Bestimmungsstücken konstruieren kann,

Übungsaufgaben.

Um festzustellen, ob du erfolgreich warst, musst du nur die Maße deiner Konstruktion mit den im Kapitel „Lösungen“ angegebenen Maßen vergleichen. Wir hoffen, dass du mit jeder gelungenen Konstruktion ein bisschen mehr Spaß an dieser Art von Geometrie findest.

Autor und Redaktion

Kapitel 1

Was du unbedingt wissen musst

1.1 Grundlegende Begriffe und Bezeichnungen

Wenn du dich mit jemandem über dein neues Fahrrad und seine technischen Feinheiten unterhalten willst, dann hat ein solches Gespräch nur dann Sinn, wenn beide Gesprächspartner wissen, worüber sie reden.
Wer glaubt, die Fahrradgabel sei Teil eines eigens für Radfahrer entwickelten Essbestecks, und wer die Fahrradbremse für eine auf Radfahrer spezialisierte Stechfliege hält, mit dem kann man sich ganz einfach nicht über Fahrräder unterhalten.
Und ebenso ist ein fruchtbares Gespräch über Geometrie nicht möglich mit jemandem, der einen geometrischen Punkt für ein Satzzeichen, eine Halbgerade für eine nicht ganz gerade geratene Gerade und einen Winkel für eine dunkle Ecke hält.

Wenn wir uns also in diesem Band der Duden-Schülerhilfen über geometrische Gegenstände unterhalten wollen, dann müssen wir wissen, worüber wir reden und wie das, worüber wir reden, bezeichnet wird.

Ein **Punkt** hat keine Ausdehnung. Er wird durch einen großen Buchstaben bezeichnet.

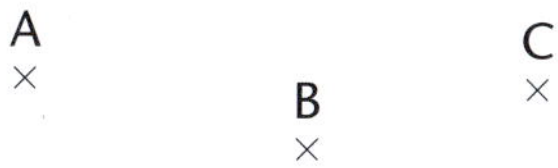

Das sind die Punkte A, B und C

Eine **Strecke** ist die kürzeste Verbindung zweier Punkte. Sie wird bezeichnet durch eine eckige Klammer, in der die Namen dieser beiden Punkte stehen.
Die **Länge** der Strecke [AB] bezeichnet man mit $\overline{AB}$.

Das ist die Strecke [AB]
mit $\overline{AB} = 3{,}2$ cm

Eine **Halbgerade** (Strahl) entsteht, wenn man eine Strecke nach einer Seite verlängert, und zwar unendlich weit. Eine Halbgerade hat also einen Anfangspunkt, aber keinen Endpunkt. Sie wird durch ihren Anfangspunkt und einen weiteren auf ihr liegenden Punkt bezeichnet. Vor dem Buchstaben, der den Anfangspunkt der Halbgeraden bezeichnet, steht eine eckige Klammer.

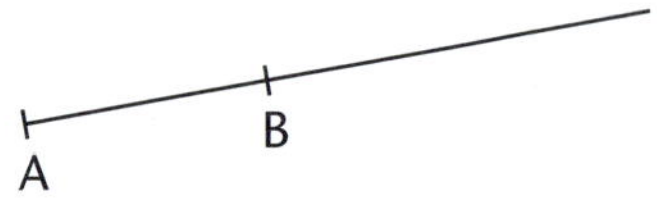

Das ist die Halbgerade [AB

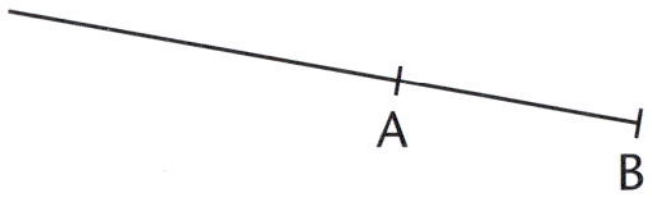

Das ist die Halbgerade [BA

Eine **Gerade** entsteht, wenn man eine Strecke nach beiden Seiten unendlich weit verlängert. Eine Gerade hat also keinen Anfangspunkt und keinen Endpunkt. Sie wird durch zwei auf ihr liegende Punkte oder durch einen kleinen Buchstaben bezeichnet.

Das ist die Gerade AB

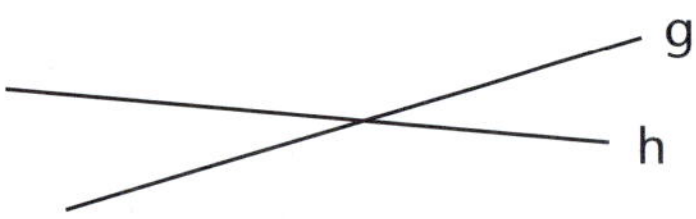

Das sind die Geraden g und h

Ein **Winkel** wird von zwei Halbgeraden gebildet, die von demselben Punkt ausgehen. Dieser gemeinsame Ausgangspunkt heißt **Scheitelpunkt** (S), die beiden Halbgeraden heißen **Schenkel** (s_1 und s_2). Als ∢ (s_1, s_2) [gelesen: „Winkel s_1, s_2"] bezeichnet man denjenigen Winkel, um den man den Schenkel s_1 entgegen dem Uhrzeigersinn drehen muss, damit er mit dem Schenkel s_2 zur Deckung kommt.

Das ist ∢ (s_1, s_2)

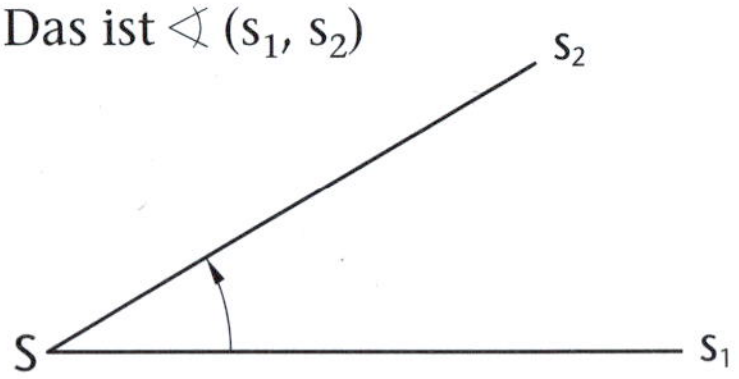

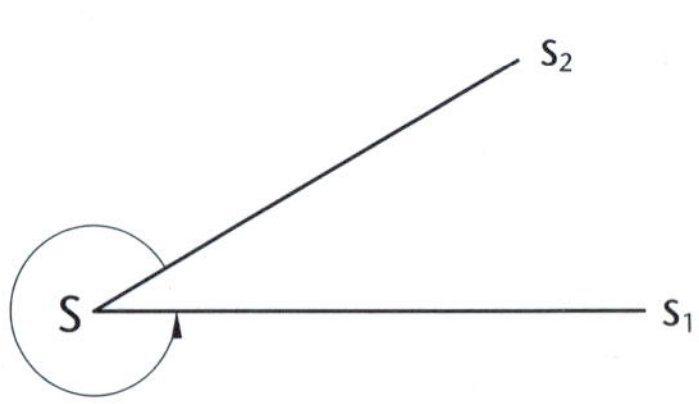

Das ist ∢ (s_2, s_1)

Häufig kennzeichnet man Winkel auch durch drei große Buchstaben:
Der erste bezeichnet einen Punkt auf dem 1. Schenkel,
der zweite bezeichnet den Scheitelpunkt,
der dritte bezeichnet einen Punkt auf dem 2. Schenkel.

Das ist ∢ ABC

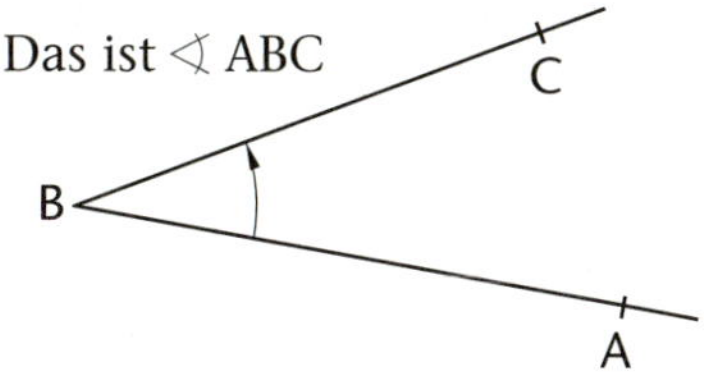

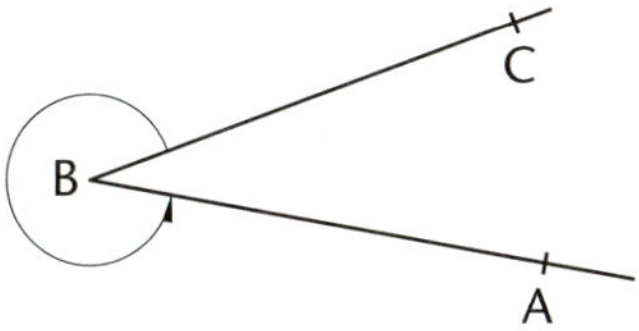

Das ist ∢ CBA

In Dreiecken, Vierecken usw. ist es üblich, sowohl die Winkel selbst als auch ihre Größe durch kleine griechische Buchstaben (α, β, γ, δ, ϵ ...) zu bezeichnen.

Das ist der Winkel γ mit $\gamma = 70°$

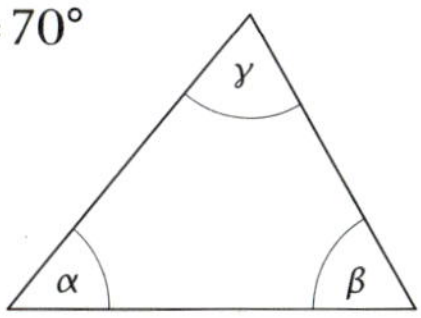

Das ist der Winkel α mit $\alpha = 50°$

Das ist der Winkel β mit $\beta = 60°$

Der **Abstand eines Punktes P von einer Geraden g** ist gleich der Länge der vom Punkt P auf die Gerade g gefällten Lotstrecke. Man bezeichnet ihn mit d(P;g).

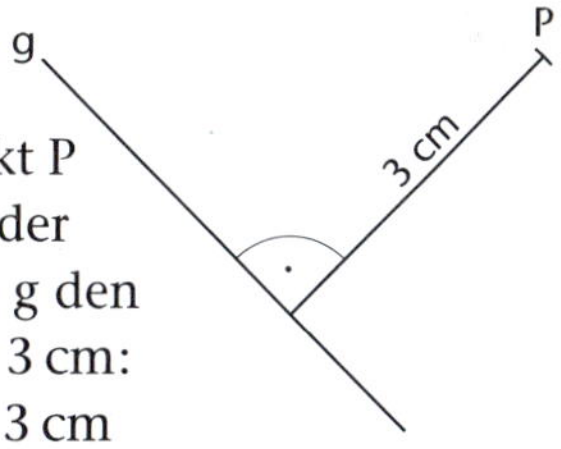

Der Punkt P hat von der Geraden g den Abstand 3 cm: d(P; g) = 3 cm

Der **Abstand zweier paralleler Geraden** g und h ist gleich der Länge der von einem beliebigen Punkt der Geraden g auf die Gerade h gefällten Lotstrecke. Man bezeichnet ihn mit d(g;h).

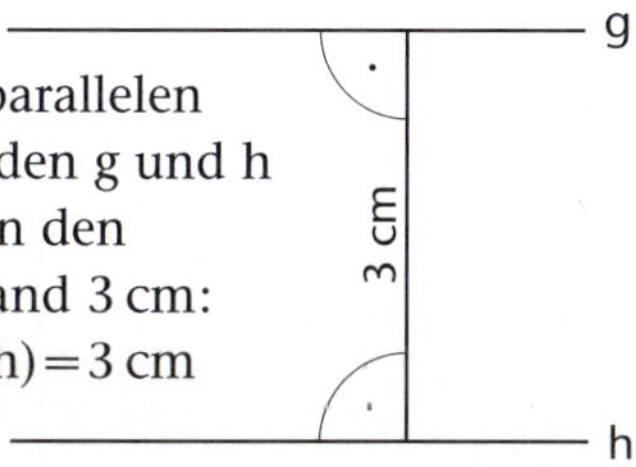

Die parallelen Geraden g und h haben den Abstand 3 cm: d(g; h) = 3 cm

1.2 Wichtige Bestimmungslinien

Wenn sich die Polizei auf die Suche nach einem Verbrecher macht, dann stellt sie zuerst einen Steckbrief auf. Sie sucht also nicht ins Blaue hinein, sondern richtet ihr Augenmerk auf eine ganz bestimmte Personengruppe, in der sich der Täter befinden muss.
Ähnlich verhält es sich in der Geometrie. Wenn man beispielsweise einen bestimmten Punkt sucht, von dem man weiß, dass er von zwei gegebenen Punkten A und B gleich weit entfernt ist, dann braucht man seine Suche nicht auf alle Punkte der Zeichenebene auszudehnen. Es genügt vollkommen, sich diejenigen Punkte vorzunehmen, die auf der Mittelsenkrechten der Strecke [AB] liegen. Nur diese Punkte nämlich sind gleich weit von den beiden Punkten A und B entfernt.

Solche Linien, auf denen alle Punkte liegen, die eine bestimmte Bedingung erfüllen, heißen **Bestimmungslinien.** Um mit den im Unterricht üblichen Dreieckskonstruktionen zurechtzukommen, müssen dir die folgenden Bestimmungslinien bekannt sein:

1. Alle Punkte, die von einem gegebenen Punkt M die Entfernung r haben, liegen auf der **Kreislinie** um den Punkt M mit dem Radius r.

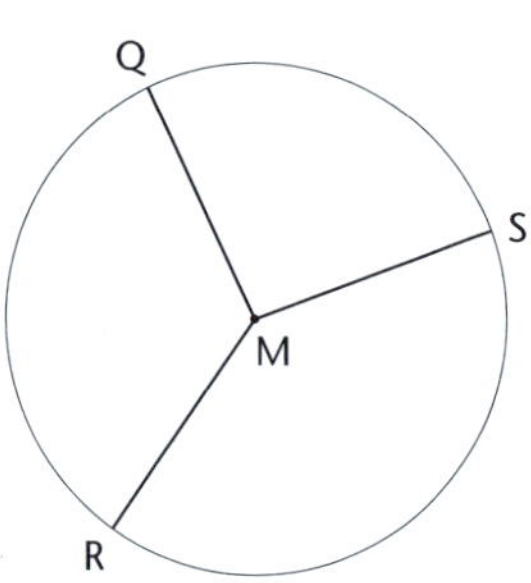

$\overline{SM} = \overline{QM} = \overline{RM} = r$

2. Alle Punkte, die von zwei gegebenen Punkten A und B gleich weit entfernt sind, liegen auf der **Mittelsenkrechten** m der Strecke [AB].

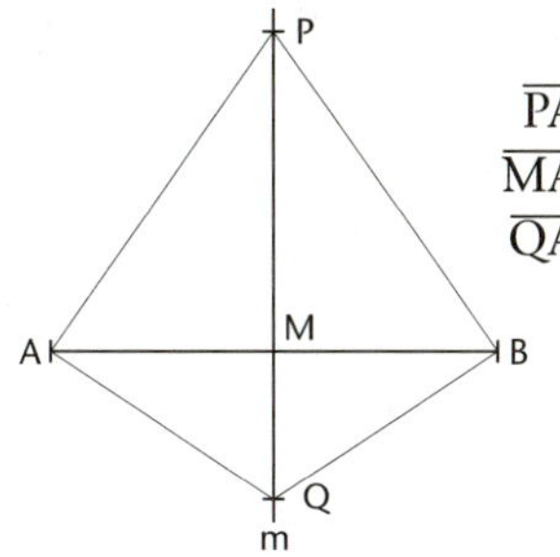

$\overline{PA} = \overline{PB}$
$\overline{MA} = \overline{MB}$
$\overline{QA} = \overline{QB}$

3. Alle Punkte, die von zwei sich schneidenden Geraden g und h gleichen Abstand haben, liegen auf den beiden **Winkelhalbierenden** w_1 und w_2 der von den beiden Geraden gebildeten Winkel. Die beiden Winkelhalbierenden stehen senkrecht aufeinander.

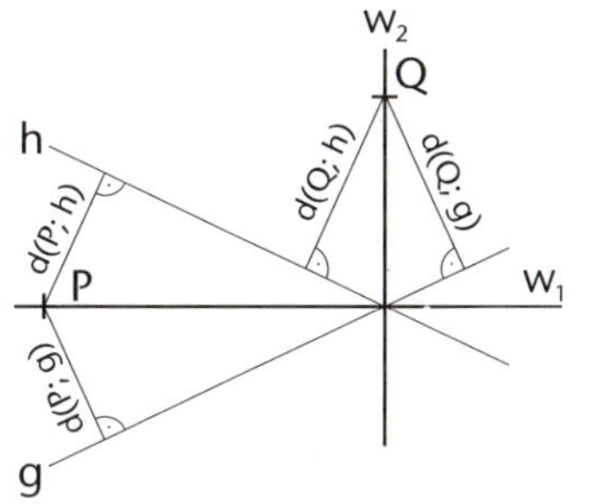

d(P; g) = d(P; h); d(Q; g) = d(Q; h)

4. Alle Punkte, die von zwei parallelen Geraden p_1 und p_2 gleichen Abstand haben, liegen auf der **Mittelparallelen** m_p.

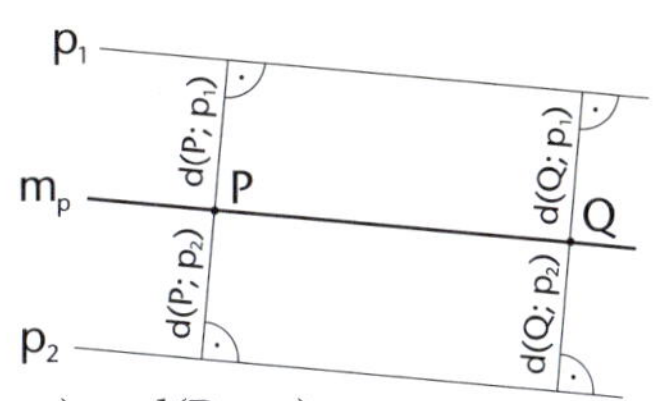

$d(P; p_1) = d(P; p_2)$;
$d(Q; p_1) = d(Q; p_2)$

5. Alle Punkte, die von einer Geraden g den Abstand d haben, liegen auf den beiden **Parallelen** p_1 und p_2 zu g im Abstand d.

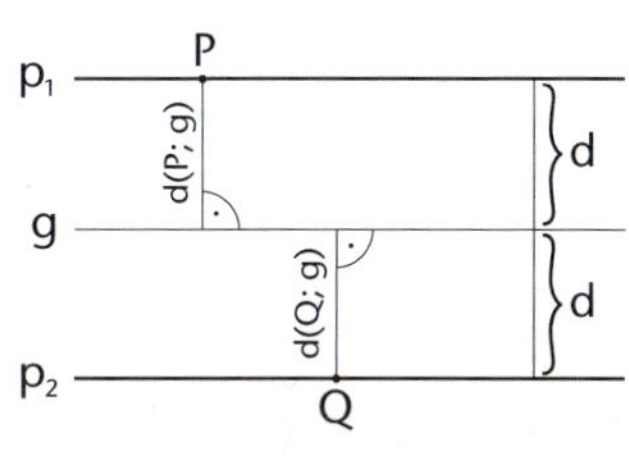

d(P; g) = d(Q; g)

6. Alle Punkte, deren Verbindungsstrecken zu den beiden Endpunkten der Strecke [AB] einen rechten Winkel bilden, liegen auf dem Kreis, der die Strecke [AB] als Durchmesser hat. Dieser Kreis wird als **Thaleskreis** bezeichnet.

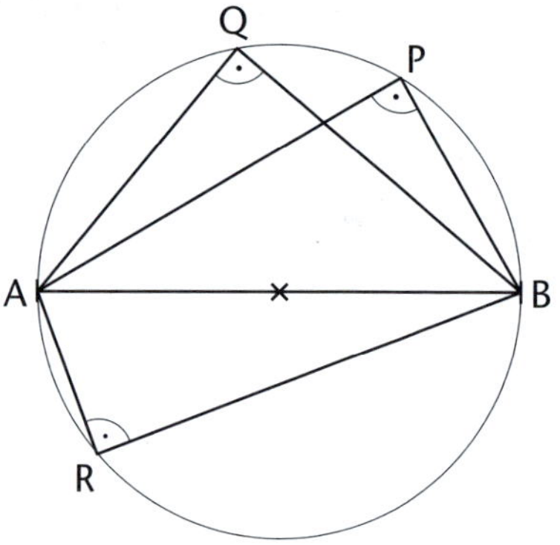

Kapitel 2

Grundlagen der Dreieckskonstruktion

2.1 Bezeichnungen am Dreieck

Die drei Eckpunkte eines Dreiecks werden mit **großen** Buchstaben bezeichnet. Üblicherweise verwendet man dabei die Buchstaben A, B und C.

Je nachdem, in welcher Reihenfolge die drei Buchstaben auf die Ecken verteilt sind, spricht man von einem Dreieck mit positivem Umlaufsinn oder von einem Dreieck mit negativem Umlaufsinn.

Ein Dreieck mit ***positivem Umlaufsinn*** *liegt vor, wenn der Weg von Ecke A über Ecke B und Ecke C zurück zu Ecke A* ***entgegen dem Uhrzeigersinn*** *erfolgt.*

mathematisch
positiver Umlaufsinn

Ein Dreieck ***mit negativem Umlaufsinn*** *liegt vor, wenn der Weg von Ecke A über Ecke B und Ecke C zurück zur Ecke A* ***im Uhrzeigersinn*** *erfolgt.*

mathematisch
negativer Umlaufsinn

Die drei Seiten eines Dreiecks werden mit **kleinen** Buchstaben bezeichnet. Man verwendet dabei dieselben Buchstaben, die auch schon zur Bezeichnung der Ecken benutzt wurden.
Dem Punkt A liegt die Seite a gegenüber.
Dem Punkt B liegt die Seite b gegenüber.
Dem Punkt C liegt die Seite c gegenüber.

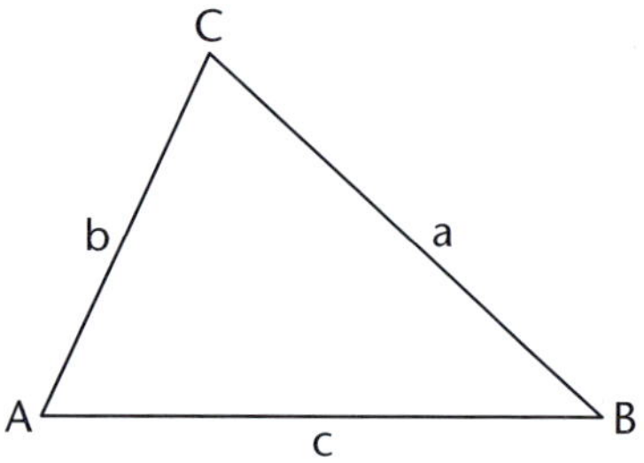

Die drei Winkel eines Dreiecks werden mit **griechischen** Buchstaben bezeichnet.
Beim Punkt A liegt der Winkel α.
Beim Punkt B liegt der Winkel β.
Beim Punkt C liegt der Winkel γ.

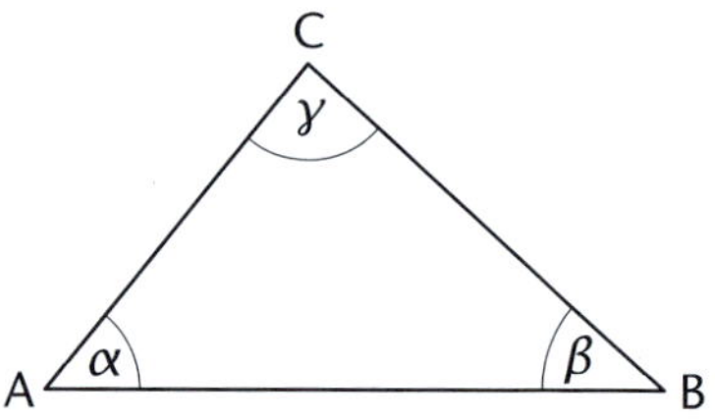

Sechs verschiedene Stücke lassen sich an einem Dreieck unmittelbar ausmessen:

1. Die Längen der drei Seiten.
2. Die Größen der drei Winkel.

Diese sechs Stücke werden auch als **Bestimmungsstücke** des Dreiecks bezeichnet. Weil im Allgemeinen keine Verwechslungsgefahr besteht, verwendet man zur Bezeichnung der **Länge einer Dreieckseite** denselben Buchstaben, mit dem man schon die **Dreieckseite selbst** bezeichnet hat.

Der Buchstabe a bezeichnet also sowohl die dem Punkt A gegenüberliegende Dreieckseite selbst als auch deren Länge. Der Buchstabe b bezeichnet sowohl die dem Punkt B gegenüberliegende Dreieckseite selbst als auch deren Länge. Der Buchstabe c bezeichnet sowohl die dem Punkt C gegenüberliegende Dreieckseite selbst als auch deren Länge.

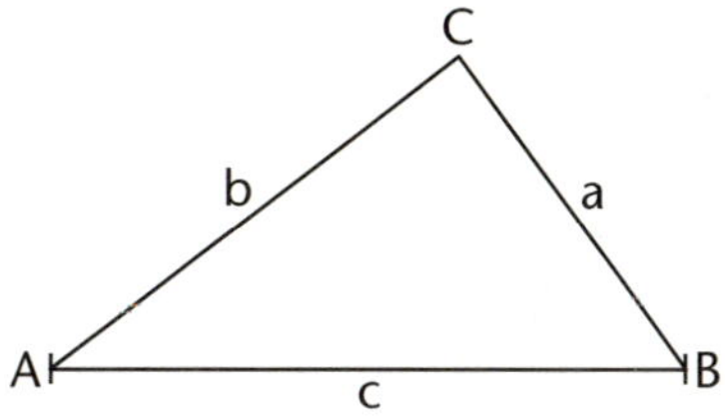

a = 3 cm; b = 4 cm; c = 5 cm

Entsprechend verfährt man bei den drei Winkeln des Dreiecks. Der Buchstabe α bezeichnet also sowohl den beim Punkt A liegenden Winkel selbst als auch dessen Größe. Der Buchstabe β bezeichnet sowohl den beim Punkt B liegenden Winkel selbst als auch dessen Größe. Der Buchstabe γ bezeichnet sowohl den beim Punkt C liegenden Winkel selbst als auch dessen Größe.
Für jedes Dreieck gilt:

$$\alpha + \beta + \gamma = 180°.$$

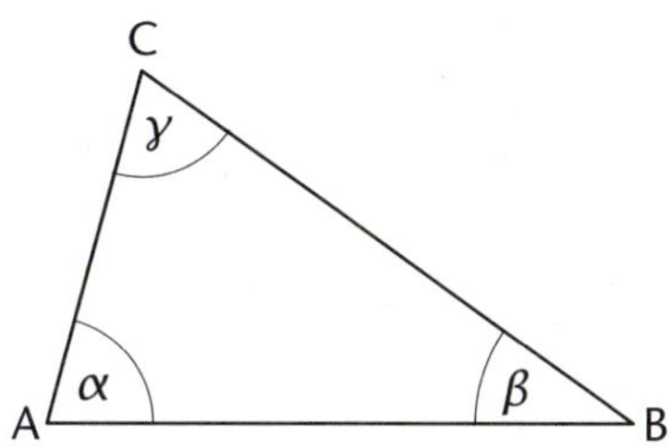

$\alpha = 75°$; $\beta = 35°$; $\gamma = 70°$

2.2 Die vier Grundkonstruktionen

Die meisten Dreieckskonstruktionen lassen sich auf vier einfache Grundkonstruktionen zurückführen, bei denen jeweils drei Bestimmungsstücke gegeben sind:

Erste Grundkonstruktion:	Die Längen der drei Seiten sind gegeben.
Zweite Grundkonstruktion:	Die Längen von zwei Seiten und die Größe des von ihnen eingeschlossenen Winkels sind gegeben.
Dritte Grundkonstruktion:	Die Länge einer Seite und die Größe zweier Winkel sind gegeben.

Vierte Grundkonstruktion: Die Länge zweier Seiten und die Größe eines nicht von ihnen eingeschlossenen Winkels sind gegeben.

Erste Grundkonstruktion:

Konstruktion eines Dreiecks aus den drei Seitenlängen (SSS).

Die Aufgabe lautet: Konstruiere ein Dreieck mit den Seitenlängen a = 2 cm, b = 3 cm und c = 4 cm.

Die Konstruktion erfolgt schrittweise so:

1. Schritt:
Wir zeichnen eine Strecke von 4 cm. Ihre Endpunkte bezeichnen wir mit A und B, die Strecke selbst mit c. Damit haben wir also schon zwei der Dreieckspunkte festgelegt.

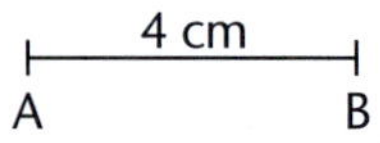

2. Schritt:
Wir machen uns auf die Suche nach dem noch fehlenden dritten Dreieckspunkt, dem Punkt C. Da die Dreieckseite b = [AC] 3 cm lang sein soll, muss der Punkt C auf dem Kreis um A mit Radius b = 3 cm liegen.
Da die Dreieckseite a = [BC] 2 cm lang sein soll, muss der Punkt C aber auch auf dem Kreis um B mit Radius a = 2 cm liegen.

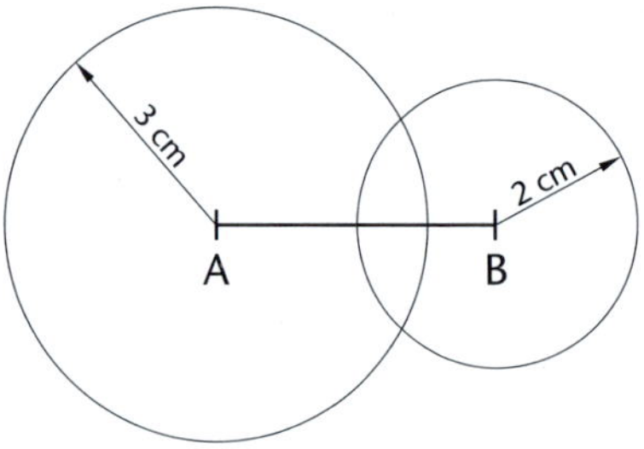

Die beiden Kreise schneiden sich zweimal, und zwar im Punkt C und im Punkt C'. Beide Schnittpunkte erfüllen die an den 3. Dreieckspunkt gestellte Bedingung. Als Lösung der Konstruktionsaufgabe ergeben sich also die beiden Dreiecke ABC und ABC'.

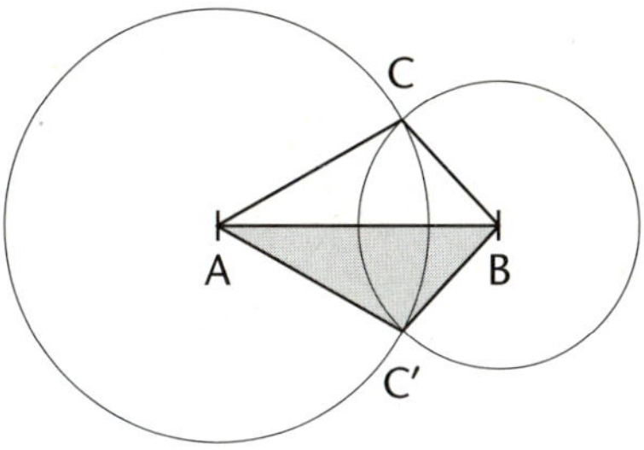

Wichtige Anmerkungen:

- Die beiden bei der Konstruktion erhaltenen Dreiecke ABC und ABC' sind kongruent (deckungsgleich). Würden wir sie ausschneiden, dann könnten wir sie so aufeinander legen, dass das untere an keiner Stelle unter dem oberen hervorschaut und das obere an keiner Stelle das untere überragt. Deshalb ist es unnötig, bei einer derartigen Konstruktionsaufgabe beide Dreiecke zu zeichnen. Diese Überlegung legt die folgende Vereinbarung nahe.

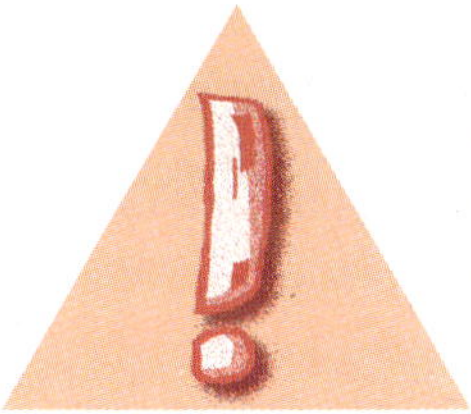

Ergeben sich bei einer Konstruktionsaufgabe zwei deckungsgleiche Dreiecke, dann zeichnen wir nur das Dreieck, das einen positiven Umlaufsinn hat!

In unserem Fall zeichnen wir also nur das Dreieck ABC.

- Zur Ermittlung des Punktes C ist es nicht notwendig, die beiden Kreise um A und B vollständig zu zeichnen. Man kann sich vielmehr auf die Umgebung des Schnittpunktes beschränken.

- Die meisten Mathematiklehrer geben sich bei einer Konstruktionsaufgabe nicht mit der bloßen Lösung zufrieden, sie erwarten vielmehr eine schrittweise Darstellung des Lösungsweges. Und die umfasst im Allgemeinen die folgenden vier Punkte:

1. Aufgabenstellung,
2. Planfigur,
3. Konstruktionsplan,
4. Konstruktion.

Die **Aufgabenstellung** wird aus dem Lehrbuch übernommen.
Die **Planfigur** ist ein ganz beliebiges Dreieck, in dem die gegebenen Stücke als Buchstabensymbole eingetragen sind.
Im **Konstruktionsplan** wird dargestellt, wie man Schritt für Schritt die drei Punkte des gesuchten Dreiecks als Endpunkte gegebener Strecken bzw. als Schnittpunkte zweier Bestimmungslinien findet.
Bei der **Konstruktion** wird der Konstruktionsplan in die Tat umgesetzt.

1 Konstruiere ebenso ein Dreieck mit

a) a = 3 cm, b = 4 cm, c = 5 cm;
b) a = 4,3 cm, b = 5,8 cm, c = 3,5 cm.

Zweite Grundkonstruktion:

Konstruktion eines Dreiecks aus zwei Seiten und dem von ihnen eingeschlossenen Winkel (SWS).

Die **Aufgabe** lautet:

Konstruiere ein Dreieck mit
$a = 3$ cm, $c = 5$ cm und $\beta = 65°$.

Als anschauliche Grundlage für den Konstruktionsplan fertigen wir eine **Planfigur** an, in der die gegebenen Bestimmungsstücke eingetragen werden.

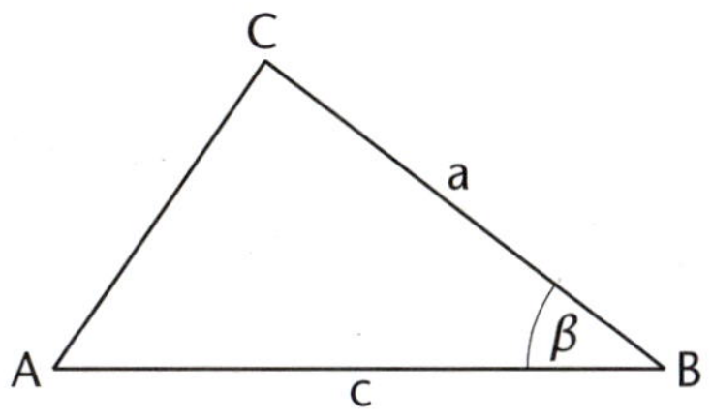

Konstruktionsplan:

Die Punkte A und B sind als Endpunkte der Strecke c mit c = 5 cm bestimmt.

Der Punkt C liegt
1. auf dem freien Schenkel des an [AB] im Punkt B angetragenen Winkels $\beta = 65°$,
2. auf dem Kreis um B mit Radius a = 3 cm.

Konstruktion:

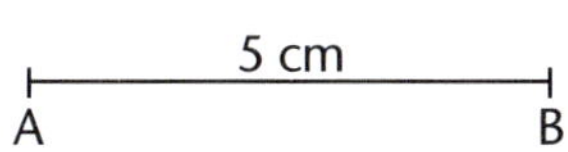

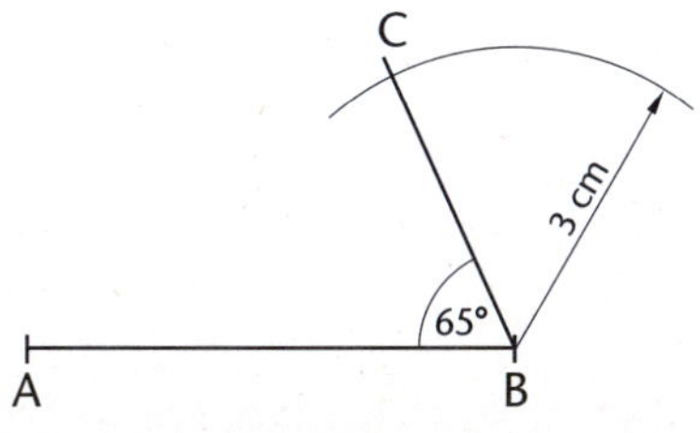

Den Winkel β können wir aber auch noch „nach unten“ abtragen. Es ergeben sich daher zwei Dreiecke mit den verlangten Maßen, das Dreieck ABC und das Dreieck ABC′.

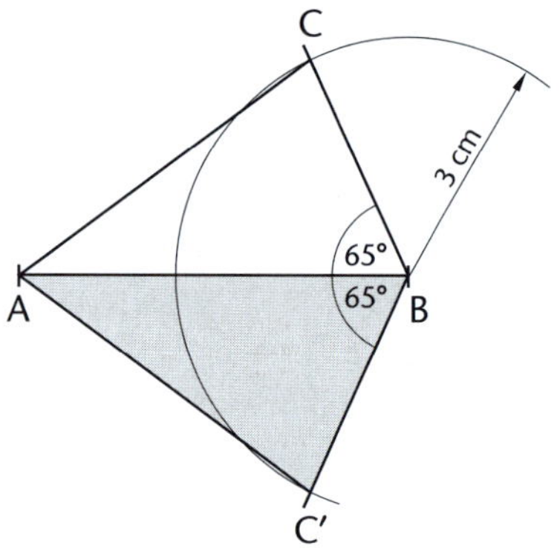

Die beiden so erhaltenen Dreiecke sind deckungsgleich. Vereinbarungsgemäß zeichnen wir in einem solchen Fall nur dasjenige von ihnen, das einen positiven Umlaufsinn hat.

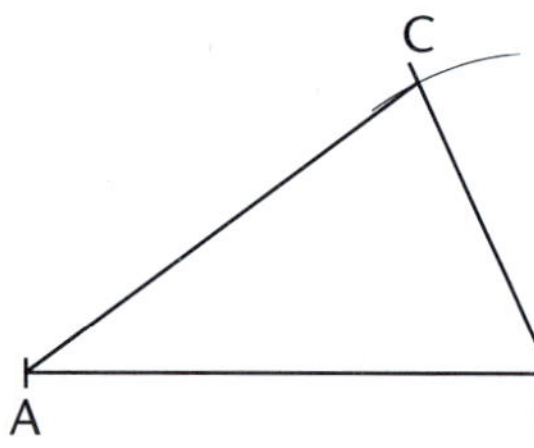

Und dazu noch ein weiteres Beispiel in der vorgeschriebenen Form:

1. Aufgabenstellung:

Konstruiere ein Dreieck aus a = 3 cm, b = 4 cm und $\gamma = 60°$.

2. Planfigur:

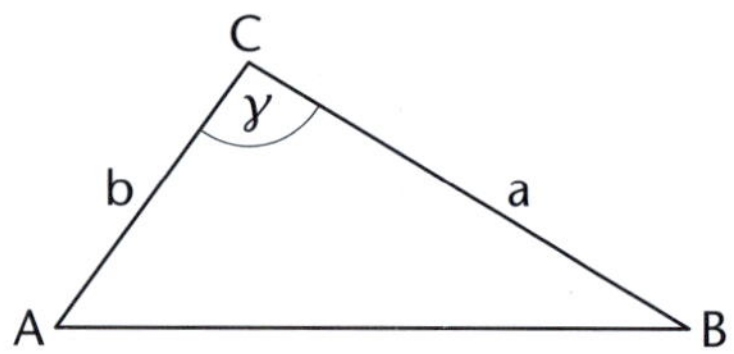

3. Konstruktionsplan:

A und C sind als Endpunkte der Strecke b mit b = 4 cm festgelegt. B liegt

1. auf dem freien Schenkel des an [AC] in C angetragenen Winkels $\gamma = 60°$,
2. auf dem Kreis um C mit Radius a = 3 cm.

4. Konstruktion:

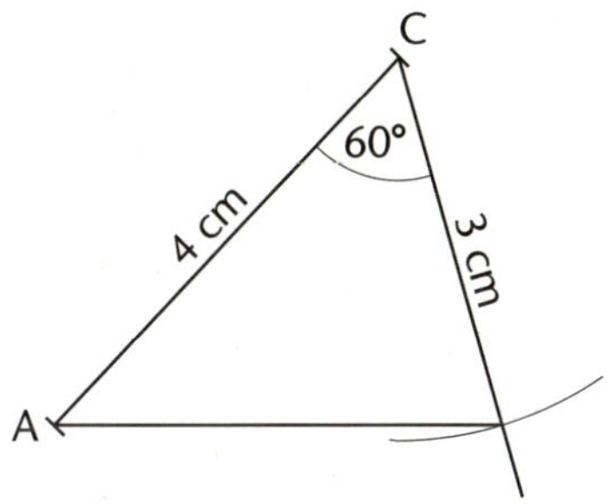

2 Konstruiere ebenso ein Dreieck mit

a) $a = 2$ cm, $b = 4$ cm, $\gamma = 120°$;
b) $a = 3{,}2$ cm, $c = 5{,}5$ cm, $\beta = 35°$;
c) $b = 4{,}8$ cm, $c = 2{,}9$ cm, $\alpha = 75°$;
d) $a = 7$ cm, $b = 7$ cm, $\gamma = 50°$.

Dritte Grundkonstruktion:

Konstruktion eines Dreiecks aus einer Seite und zwei Winkeln.

Diese dritte Grundkonstruktion umfasst zwei Fälle.

Beim **1. Fall** liegen die beiden Winkel an der gegebenen Seite.

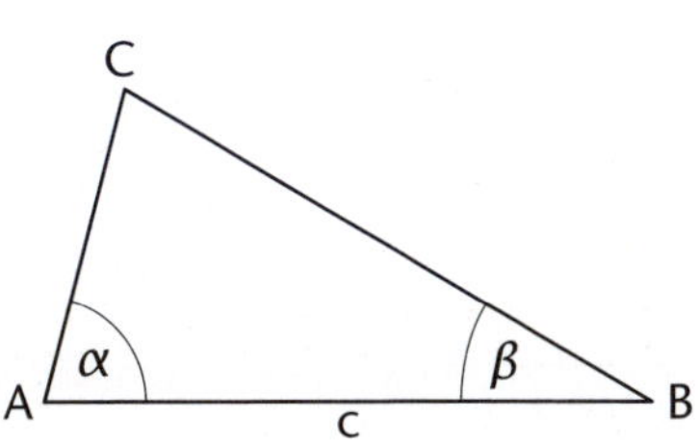

Beim **2. Fall** liegt einer der beiden Winkel der gegebenen Seite gegenüber.

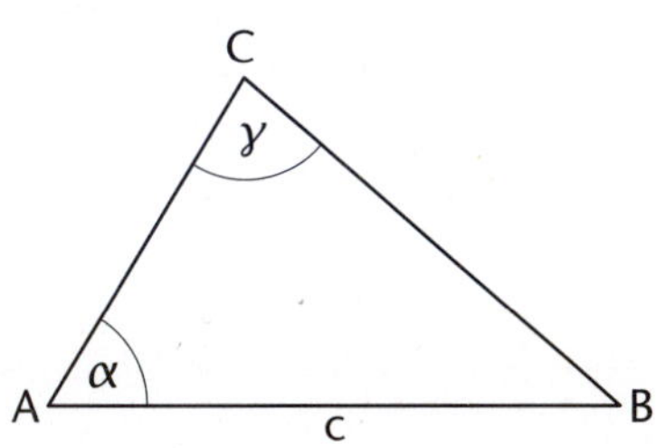

1. Fall: Die beiden Winkel liegen an der gegebenen Seite (WSW).

1. Aufgabenstellung:

Konstruiert werden soll ein Dreieck mit $c = 6$ cm, $\alpha = 50°$, $\beta = 30°$.

2. Planfigur:

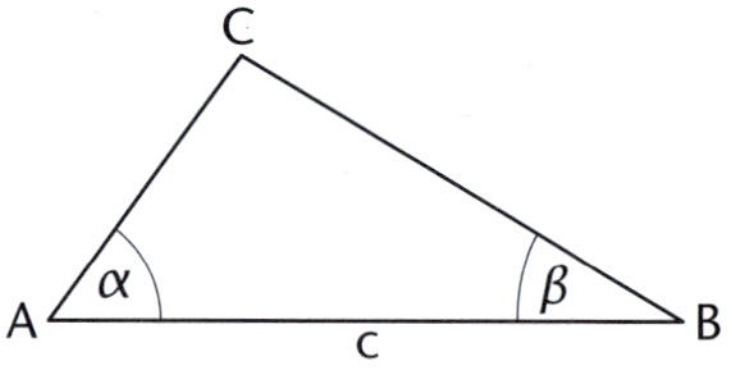

3. Konstruktionsplan:

Die Punkte A und B sind als Endpunkte der Strecke c mit $c = 6$ cm bestimmt.

Der Punkt C liegt
1. auf dem freien Schenkel des an [AB] im Punkt A angetragenen Winkels $\alpha = 50°$,
2. auf dem freien Schenkel des an [AB] im Punkt B angetragenen Winkels $\beta = 30°$.

4. Konstruktion:

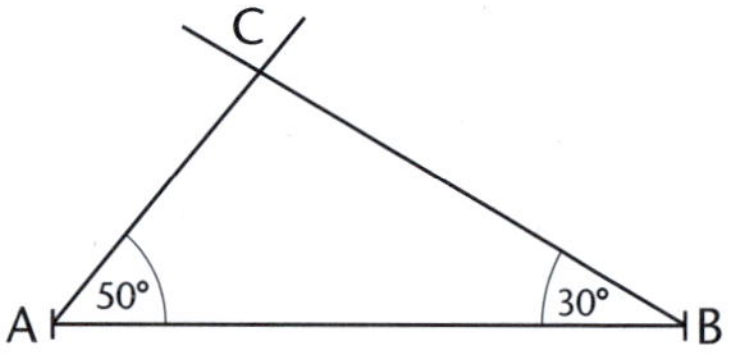

Die beiden Winkel α und β können wir auch „nach unten" abtragen. Es ergeben sich somit zwei Dreiecke mit den gegebenen Maßen, das Dreieck ABC und das Dreieck ABC'.

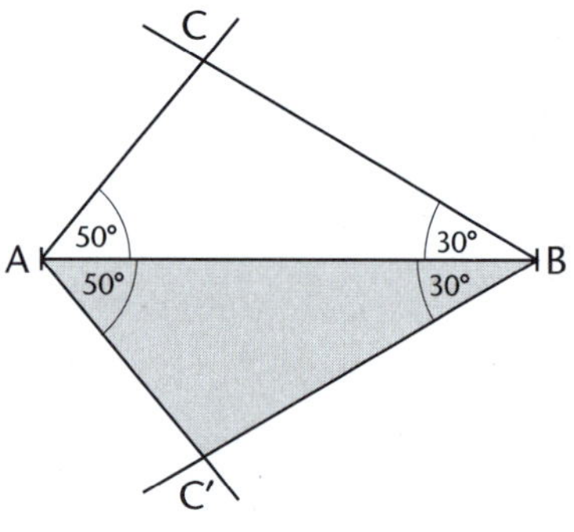

Die beiden so erhaltenen Dreiecke sind deckungsgleich. Vereinbarungsgemäß zeichnen wir nur dasjenige, das einen positiven Umlaufsinn besitzt.

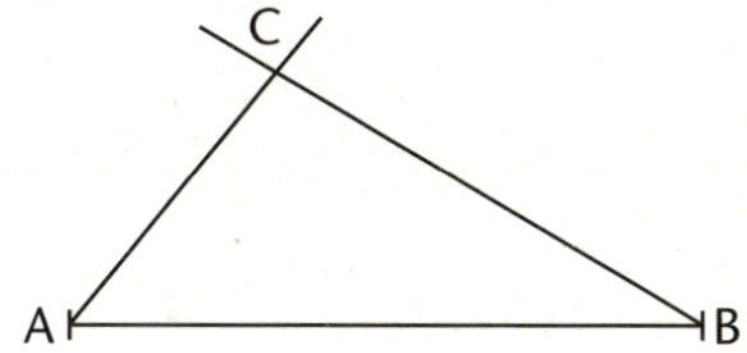

Ein weiteres Beispiel in der vorgeschriebenen Form:

1. Aufgabenstellung:

Konstruiere ein Dreieck aus $a = 4$ cm, $\beta = 55°$ und $\gamma = 45°$.

2. Planfigur:

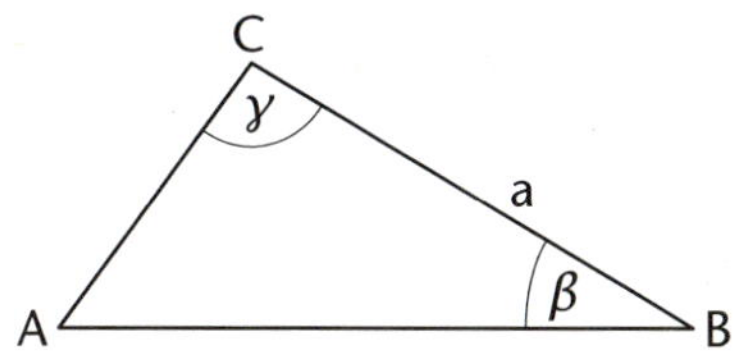

3. Konstruktionsplan:

B und C sind als Endpunkte der Strecke a mit $a = 4$ cm bestimmt.

A liegt
1. auf dem freien Schenkel des an [BC] in B angetragenen Winkels $\beta = 55°$,
2. auf dem freien Schenkel des an [BC] in C angetragenen Winkels $\gamma = 45°$.

4. Konstruktion:

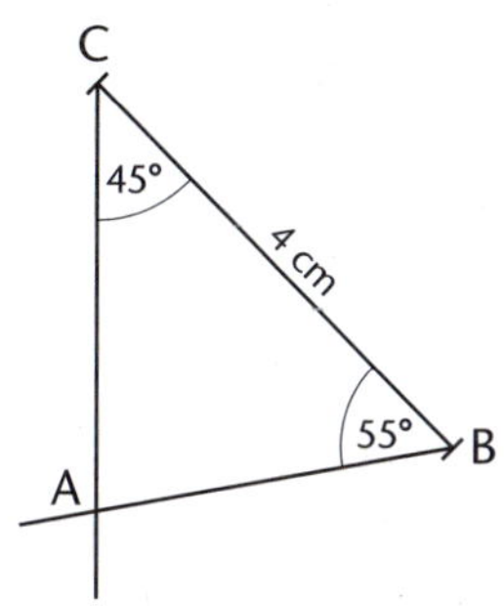

3 Konstruiere ebenso ein Dreieck mit

a) $b = 5$ cm, $\alpha = 40°$, $\gamma = 60°$;
b) $c = 3{,}8$ cm, $\alpha = 65°$, $\beta = 48°$;
c) $a = 5{,}6$ cm, $\beta = 25°$, $\gamma = 85°$;
d) $b = 6$ cm, $\alpha = 60°$, $\gamma = 60°$.

2. Fall: Einer der beiden Winkel liegt der gegebenen Seite gegenüber (SWW).

Die Aufgabenstellung lautet:
Konstruiert werden soll ein Dreieck mit $c = 6$ cm, $\beta = 35°$, $\gamma = 75°$.

Diese Aufgabe lässt sich auf den 1. Fall zurückführen, wenn man vor Beginn der Konstruktion den Winkel α ausrechnet.

Aus $\alpha + \beta + \gamma = 180°$
folgt: $\alpha = 180° - \beta - \gamma$.

Im vorliegenden Fall ergibt sich:

$$\alpha = 180° - 35° - 75° = 70°.$$

Somit lässt sich unsere Aufgabe auch folgendermaßen formulieren:
Konstruiert werden soll ein Dreieck mit $c = 5$ cm, $\alpha = 70°$, $\beta = 35°$.
Wie man dabei vorgeht, haben wir bei der Behandlung des 1. Falles gelernt. Du kannst die Aufgabe nun in der bereits bekannten Form lösen.

Viele Lehrer möchten aber nicht, dass bei Konstruktionsaufgaben gerechnet wird. Im Folgenden erfährst du, wie du den Winkel α konstruieren kannst.

Wir zeichnen uns zunächst eine **Planfigur.**

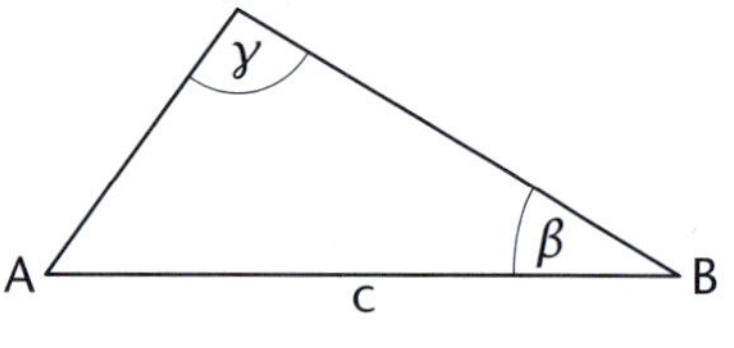

Wir beginnen die Konstruktion mit der Seite [AB] = c. An [AB] tragen wir im Punkt B zuerst den Winkel β und daran anschließend den Winkel γ an. Der Winkel, der nun noch zu einem gestreckten Winkel fehlt, hat genau die Größe des gesuchten Winkels α.

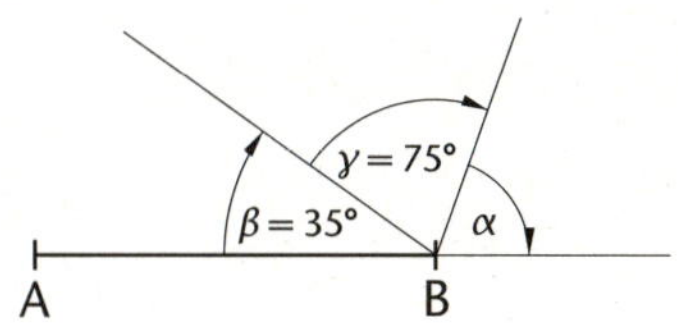

Wir übertragen diesen Winkel an die entsprechende Stelle und erhalten das gesuchte Dreieck.

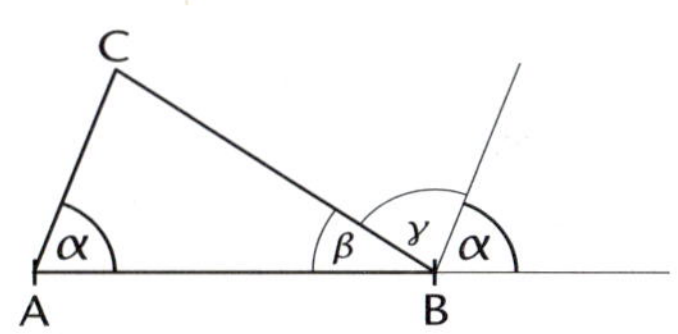

Dazu noch ein Beispiel in der vorgeschriebenen Form:

1. Aufgabenstellung:

Konstruiert werden soll ein Dreieck mit $a = 5$ cm, $\gamma = 85°$, $\alpha = 45°$.

2. Planfigur:

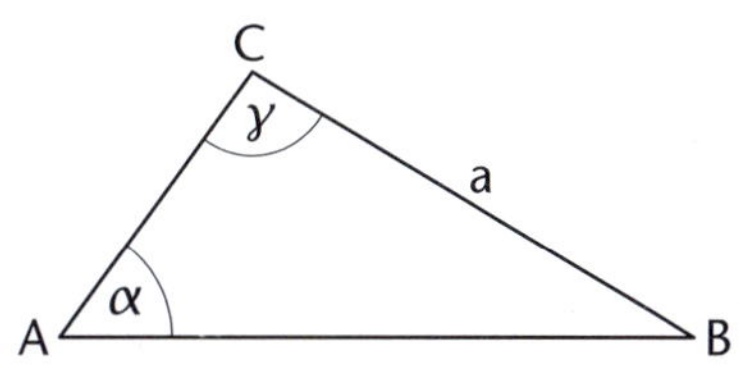

3. Konstruktionsplan:

Die Punkte B und C sind als Endpunkte der Strecke a mit $a = 5$ cm bestimmt.
Winkel β ist gleich groß mit dem Winkel, der die beiden nacheinander an [BC] in C angetragenen

Winkel $\gamma = 85°$ und $\alpha = 45°$ zu einem gestreckten Winkel ergänzt.

A liegt

1. auf dem freien Schenkel des Winkels γ,
2. auf dem freien Schenkel des an [BC] in B angetragenen Winkels β.

4. Konstruktion:

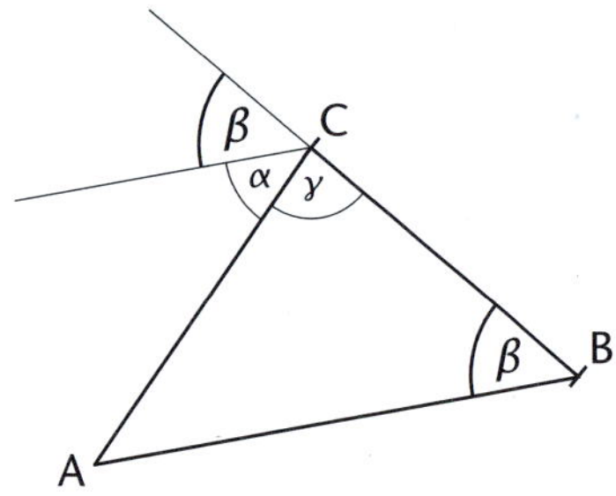

4 Konstruiere ebenso ein Dreieck mit

a) c = 5 cm, $\alpha = 80°$, $\gamma = 45°$;
b) a = 4,8 cm, $\alpha = 75°$, $\beta = 35°$;
c) b = 3,6 cm, $\alpha = 110°$, $\beta = 25°$;
d) b = 7,2 cm, $\beta = 45°$, $\gamma = 90°$.

Vierte Grundkonstruktion:

Konstruktion eines Dreiecks aus zwei Seiten und dem einer der beiden Seiten gegenüberliegenden Winkel.

Auch die vierte Grundkonstruktion umfasst, wie schon die dritte, zwei Fälle.

Beim **1. Fall** liegt der gegebene Winkel der größeren Seite gegenüber.

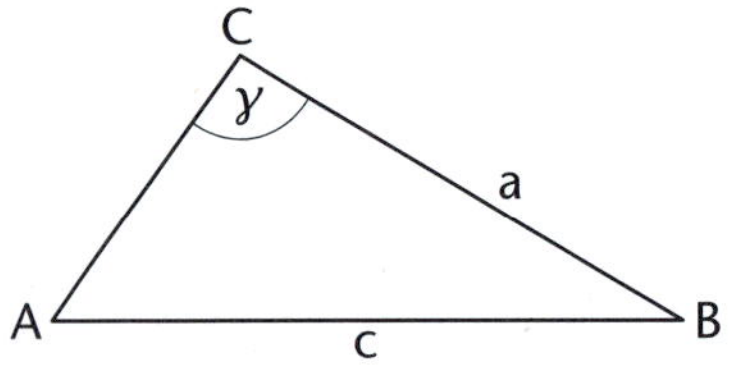

Beim **2. Fall** liegt der gegebene Winkel der kleineren Seite gegenüber.

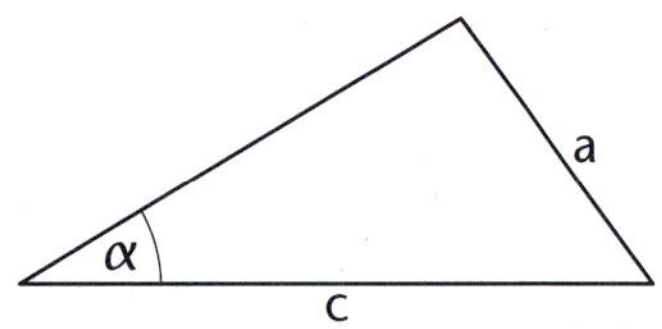

1. Fall: Der Winkel liegt der größeren Seite gegenüber (SsW).

1. Aufgabenstellung:

Konstruiert werden soll ein Dreieck mit a = 3 cm, c = 5 cm, $\gamma = 110°$.

2. Planfigur:

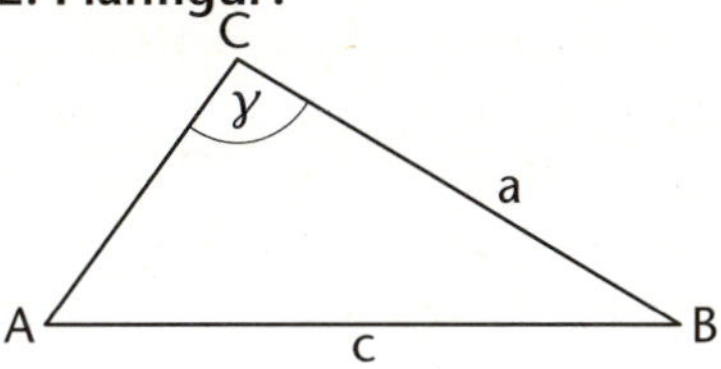

3. Konstruktionsplan:

Die Punkte B und C sind als Endpunkte der Strecke a mit a = 3 cm bestimmt.

A liegt
1. auf dem freien Schenkel des an [BC] im Punkt C angetragenen Winkels $\gamma = 110°$,
2. auf dem Kreis um B mit Radius c = 5 cm.

4. Konstruktion:

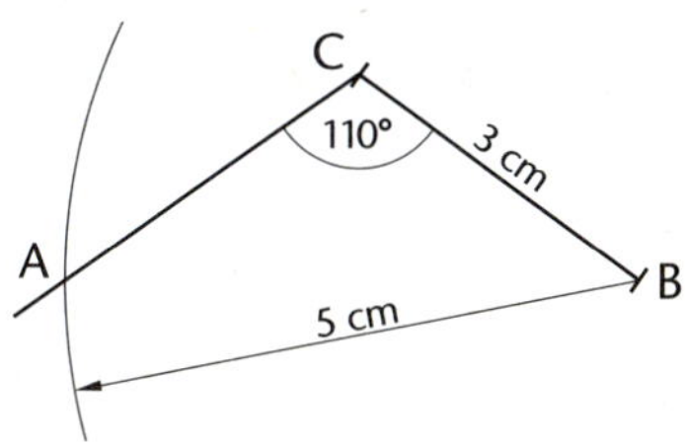

Der Winkel γ kann auch „nach oben“ abgetragen werden. Es ergeben sich also zwei Dreiecke mit den gegebenen Maßen, das Dreieck ABC und das Dreieck A'BC.

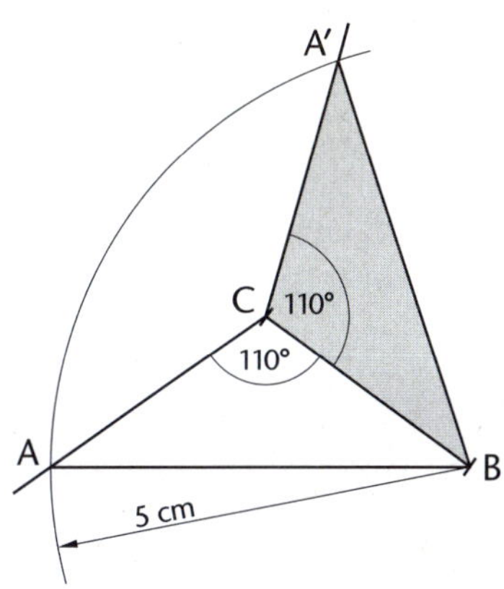

Die beiden so erhaltenen Dreiecke sind deckungsgleich. Vereinbarungsgemäß zeichnen wir in einem solchen Fall nur dasjenige mit dem positiven Umlaufsinn.

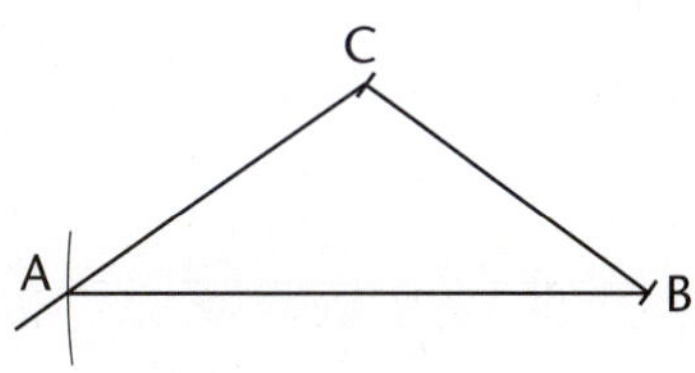

Dazu noch ein Beispiel in der vorgeschriebenen Form:

1. Aufgabenstellung:

Konstruiere ein Dreieck aus
$a = 6$ cm, $c = 4$ cm, $\alpha = 120°$.

2. Planfigur:

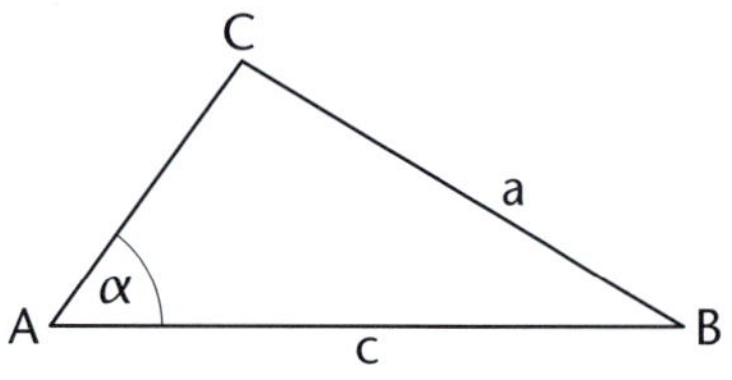

3. Konstruktionsplan:

A und B sind als Endpunkte der Strecke c mit $c = 4$ cm bestimmt.

Der Punkt C liegt
1. auf dem freien Schenkel des an [AB] in A angetragenen Winkels $\alpha = 120°$,
2. auf dem Kreis um B mit Radius $a = 6$ cm.

4. Konstruktion

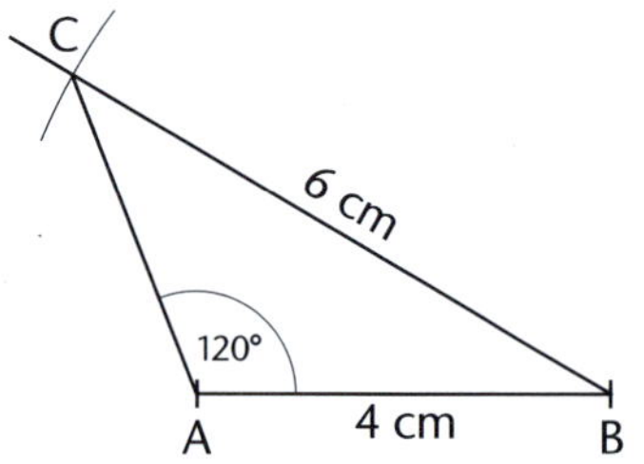

5 Konstruiere ebenso ein Dreieck aus

a) $a = 5$ cm, $b = 3$ cm, $\alpha = 50°$;
b) $b = 6{,}5$ cm, $c = 4{,}2$ cm, $\beta = 140°$;
c) $a = 4{,}8$ cm, $b = 5{,}0$ cm, $\beta = 30°$;
d) $b = 2{,}8$ cm, $c = 3{,}6$ cm, $\gamma = 80°$.

2. Fall: Der Winkel liegt der kleineren Seite gegenüber (sSW).

1. Aufgabenstellung:

Konstruiert werden soll ein Dreieck aus a = 3 cm, c = 5 cm, $\alpha = 30°$.

2. Planfigur:

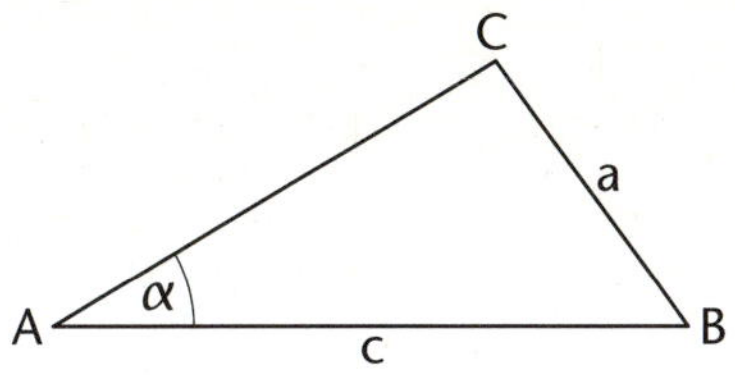

3. Konstruktionsplan:

Die Punkte A und B sind als Endpunkte der Strecke c mit c = 5 cm bestimmt.

Der Punkt C liegt
1. auf dem freien Schenkel des an [AB] im Punkt A angetragenen Winkels $\alpha = 30°$,
2. auf dem Kreis um B mit Radius a = 3 cm.

4. Konstruktion:

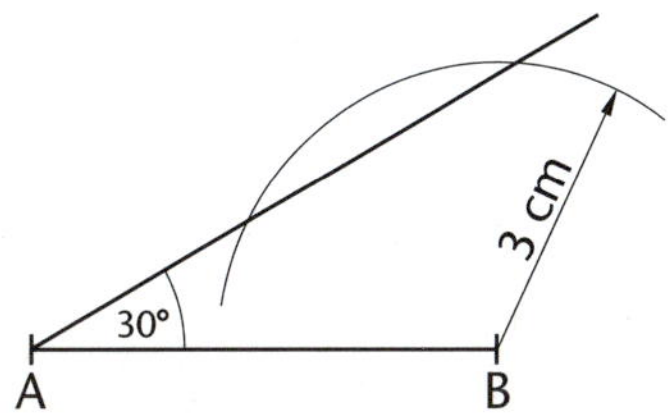

Der Kreis schneidet den freien Schenkel des Winkels α zweimal. Es ergeben sich also zwei Dreiecke mit den gegebenen Maßen. Im Gegensatz zu den bisherigen Konstruktionen sind diese beiden Dreiecke jedoch **nicht deckungsgleich.** Es gibt zwei unterschiedliche Dreiecke mit den verlangten Maßen, und zwar das Dreieck ABC und das Dreieck ABC'. Beide Dreiecke haben ei-

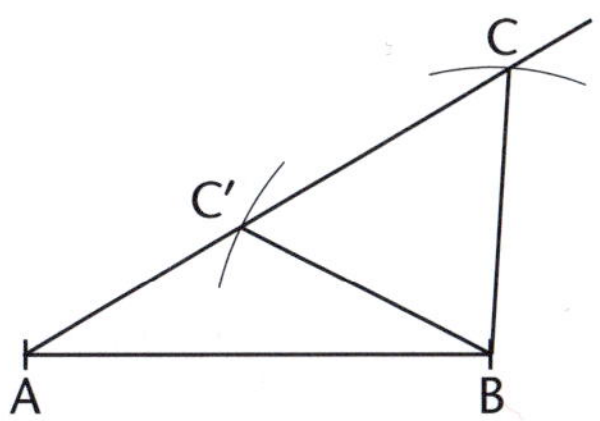

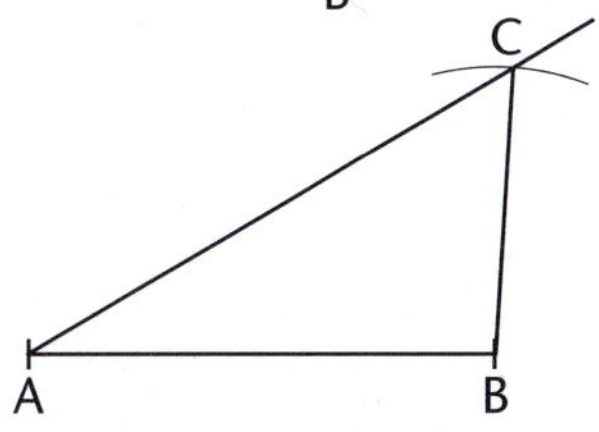

nen positiven Umlaufsinn. Sie müssen also beide gezeichnet werden.

Man sagt: Die Konstruktionsaufgabe hat zwei Lösungen.

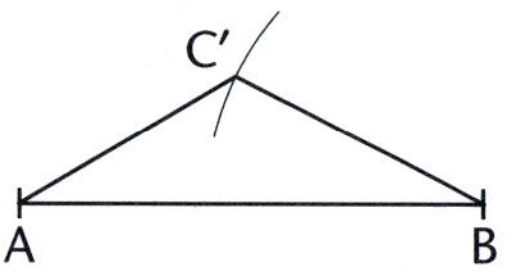

***Anmerkung:** Auch hier könnte man den Winkel α noch „nach unten" abtragen. Man würde dann, wie man aus der Abbildung entnehmen kann, noch zwei weitere Dreiecke erhalten. Da diese aber paarweise mit den beiden schon erhaltenen Dreiecken deckungsgleich sind und außerdem negativen Umlaufsinn besitzen, verzichten wir vereinbarungsgemäß darauf, sie zu zeichnen.*

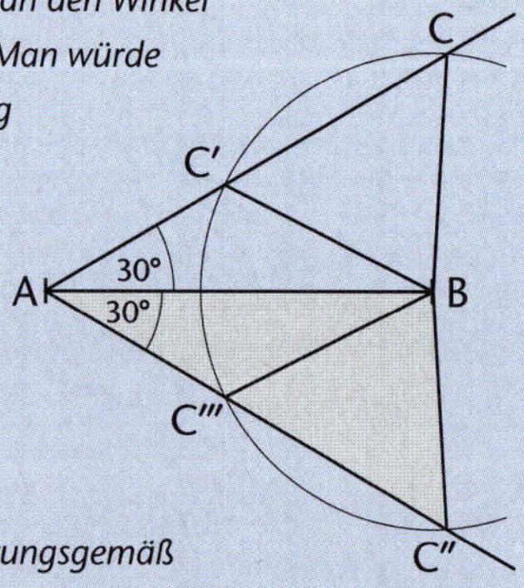

Dazu noch ein Beispiel in der vorgeschriebenen Form:

1. Aufgabenstellung:

Konstruiere ein Dreieck aus $a = 4{,}5$ cm, $b = 3$ cm, $\beta = 25°$.

2. Planfigur:

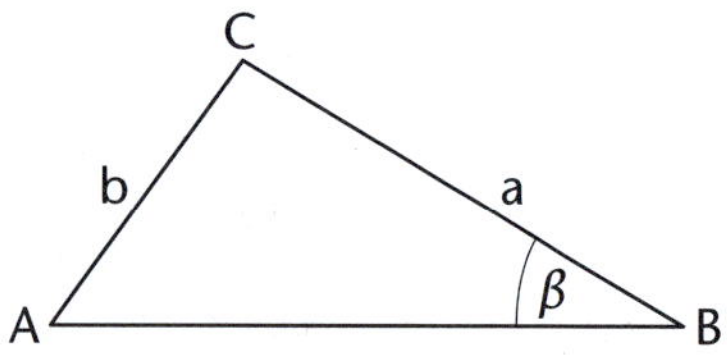

3. Konstruktionsplan:

B und C sind als Endpunkte der Strecke a mit a = 4,5 cm bestimmt.

A liegt

1. auf dem freien Schenkel des an [BC] in B angetragenen Winkels $\beta = 25°$,
2. auf dem Kreis um C mit Radius b = 3 cm.

4. Konstruktion:

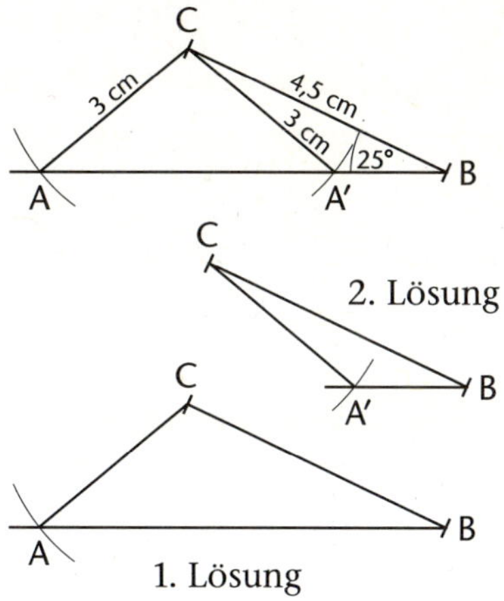

6 Konstruiere ebenso ein Dreieck aus

a) $b = 4$ cm, $c = 6$ cm, $\beta = 35°$;
b) $a = 4{,}8$ cm, $c = 4$ cm, $\gamma = 50°$;
c) $a = 6{,}2$ cm, $b = 7{,}5$ cm, $\alpha = 45°$;
d) $b = 5{,}5$ cm, $c = 3{,}8$ cm, $\gamma = 25°$.

Zu Beginn dieses Kapitels haben wir festgestellt, dass sich an einem Dreieck sechs verschiedene Stücke, die Bestimmungsstücke, unmittelbar ausmessen lassen:

1. die Länge der drei Seiten und
2. die Größe der drei Winkel.

Bei den vier behandelten Grundkonstruktionen sind jeweils drei dieser sechs Bestimmungsstücke gegeben:

- Bei der ersten Grundkonstruktion die Länge der **drei** Seiten.
- Bei der zweiten und vierten Grundkonstruktion die Länge **zweier** Seiten und die Größe **eines** Winkels.
- Bei der dritten Grundkonstruktion die Länge **einer** Seite und die Größe **zweier** Winkel.

In Tabellenform gebracht, sieht das folgendermaßen aus:

	Anzahl der gegebenen Seiten	Anzahl der gegebenen Winkel
Erste Grundkonstruktion:	3	0
Zweite und vierte Grundkonstruktion:	2	1
Dritte Grundkonstruktion:	1	2

Zu erwarten wäre in dieser Tabelle nun noch eine 4. Zeile mit dem Eintrag „0" bzw. „3". Diese würde dann zu einer weiteren Grundkonstruktion führen, bei der die drei Winkel des Dreiecks gegeben sind.
Eine solche Grundkonstruktion gibt es jedoch nicht. Tatsächlich wären bei ihr nur **zwei** Winkel gegeben. Die Größe des dritten Winkels kann schließlich nicht mehr frei gewählt werden. Sie ist vielmehr durch zwei gegebene Winkel bereits festgelegt, weil die Summe der Innenwinkel eines Dreiecks 180° beträgt. Die Angabe des dritten Winkels bringt also keine neue Information. Da sich aus nur zwei Bestimmungsstücken kein Dreieck eindeutig konstruieren lässt, gibt es keine fünfte Grundkonstruktion. Mit unseren vier Grundkonstruktionen haben wir somit alle möglichen Fälle erfasst.

Und nachdem du nun die vier Grundkonstruktionen kennen gelernt hast, geht es in der folgenden Aufgabe bunt durcheinander. Bei jeder Teilaufgabe musst du dir erst klar machen, um welche Grundkonstruktion es sich handelt, bevor du an die Arbeit gehst.

Und immer daran denken:

> Wir konstruieren jeweils nur die Dreiecke,
> die einen positiven Umlaufsinn haben.

Achte stets auf die schrittweise Darstellung des Lösungsweges:

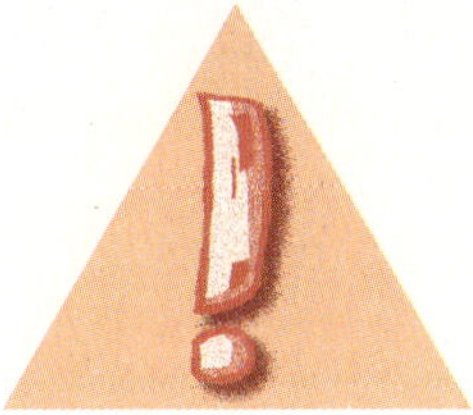

1. Aufgabenstellung
2. Planfigur
3. Konstruktionsplan
4. Konstruktion

7 Konstruiere ein Dreieck aus

a) $a = 5$ cm, $b = 7$ cm, $c = 8$ cm;
b) $a = 4{,}5$ cm, $c = 3{,}5$ cm, $\beta = 63°$;
c) $a = 3{,}8$ cm, $\beta = 75°$, $\gamma = 38°$;
d) $c = 5{,}3$ cm, $\beta = 83°$, $\gamma = 57°$;
e) $a = 4$ cm, $c = 5$ cm, $\gamma = 58°$;
f) $a = 6{,}5$ cm, $b = 4{,}9$ cm, $\beta = 43°$;
g) $a = 3{,}2$ cm, $b = 4{,}4$ cm, $c = 4{,}1$ cm;
h) $b = 3{,}4$ cm, $c = 4{,}3$ cm, $\alpha = 110°$;
i) $b = 5{,}4$ cm, $\alpha = 45°$, $\gamma = 50°$;
k) $a = 4{,}3$ cm, $\alpha = 72°$, $\gamma = 68°$;
l) $b = 7{,}5$ cm, $c = 4{,}7$ cm, $\beta = 111°$;
m) $a = 2{,}8$ cm, $c = 3{,}5$ cm, $\alpha = 40°$;
n) $a = 4{,}8$ cm, $b = 2{,}4$ cm, $c = 3{,}6$ cm;
o) $a = 5{,}2$ cm, $b = 3{,}8$ cm, $\gamma = 90°$;
p) $c = 4{,}6$ cm, $\alpha = 48°$, $\beta = 84°$;
q) $b = 3{,}9$ cm, $\beta = 40°$, $\gamma = 110°$;
r) $a = 5{,}8$ cm, $b = 4{,}5$ cm, $\alpha = 65°$;
s) $b = 5{,}2$ cm, $c = 3{,}5$ cm, $\gamma = 38°$;
t) $a = 7{,}2$ cm, $b = 2{,}7$ cm, $c = 8$ cm;
u) $a = 8$ cm, $c = 5$ cm, $\beta = 25°$;
v) $b = 3{,}2$ cm, $\alpha = 125°$, $\gamma = 25°$;
w) $c = 5{,}1$ cm, $\beta = 38°$, $\gamma = 62°$;
x) $b = 2{,}8$ cm, $c = 6{,}4$ cm, $\gamma = 145°$;
y) $b = 2{,}6$ cm, $c = 4{,}2$ cm, $\beta = 25°$.

Kapitel 3

Dreieckskonstruktionen I

3.1 Konstruktion spezieller Dreiecke

Unter den Dreiecken gibt es einige, die sich durch besondere Eigenschaften herausheben. Dies sind im Wesentlichen das gleichseitige, das gleichschenklige und das rechtwinklige Dreieck.

a) Das gleichseitige Dreieck

Das regelmäßigste aller Dreiecke ist dasjenige, bei dem alle drei Seiten gleich lang sind. Es wird als **gleichseitiges Dreieck** bezeichnet. Jede Mittelsenkrechte auf den Dreieckseiten ist Symmetrieachse des gleichseitigen Dreiecks. Deshalb sind im gleichseitigen Dreieck alle drei Winkel gleich groß. Da die Summe der Innenwinkel eines jeden Dreiecks 180° beträgt, ist jeder Winkel im gleichseitigen Dreieck 60° groß.

Um ein gleichseitiges Dreieck eindeutig konstruieren zu können, genügt die Angabe eines einzigen Bestimmungsstückes, nämlich die der Länge **einer** Seite. Genau genommen werden damit nämlich drei Bestimmungsstücke angegeben, und zwar die Längen aller drei Seiten.

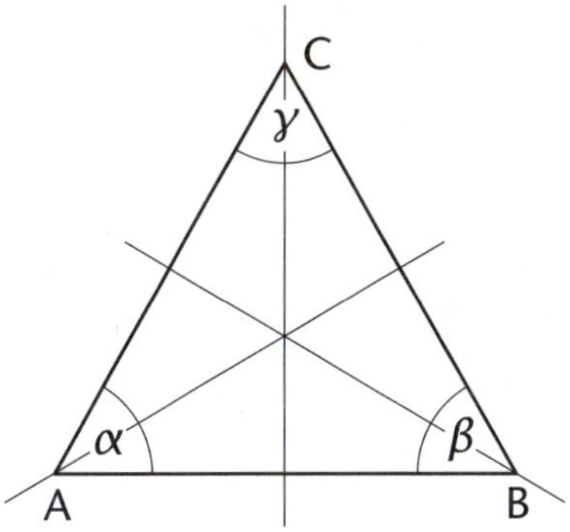

$a = b = c$
$\alpha = \beta = \gamma = 60°$

Die Aufgabe:

„Konstruiere ein gleichseitiges Dreieck mit der Seitenlänge 4 cm.“

ist gleichbedeutend mit der Aufgabe:

„Konstruiere ein Dreieck mit a = 4 cm, b = 4 cm und c = 4 cm.“

Und diese Aufgabe entspricht der ersten Grundkonstruktion.

8 Konstruiere ein gleichseitiges Dreieck mit der Seitenlänge 4 cm.

9 Konstruiere ein gleichseitiges Dreieck, dessen Umfang 10,5 cm beträgt. (Als Umfang eines Dreiecks bezeichnet man die Länge des Wegs vom Punkt A über die Punkte B und C zurück zu Punkt A.)

b) Das gleichschenklige Dreieck

Ein Dreieck, bei dem zwei Seiten gleich lang sind, heißt **gleichschenkliges Dreieck.** Die beiden gleich langen Seiten werden als Schenkel bezeichnet, die dritte Seite heißt Basis.

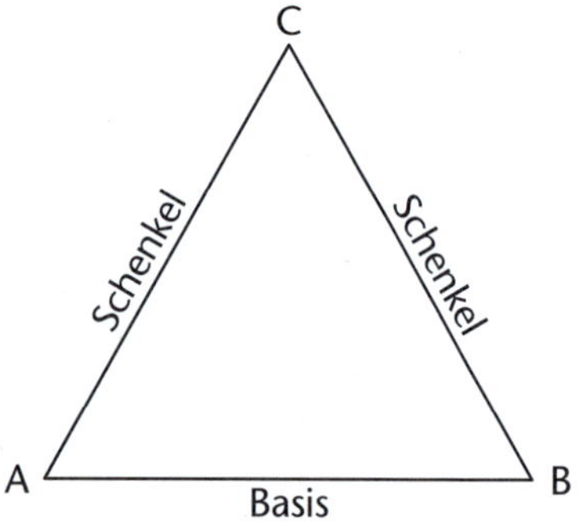

Die Mittelsenkrechte auf der Basis eines gleichschenkligen Dreiecks ist Symmetrieachse. Daher sind die beiden an der Basis liegenden Winkel (Basiswinkel) gleich groß.

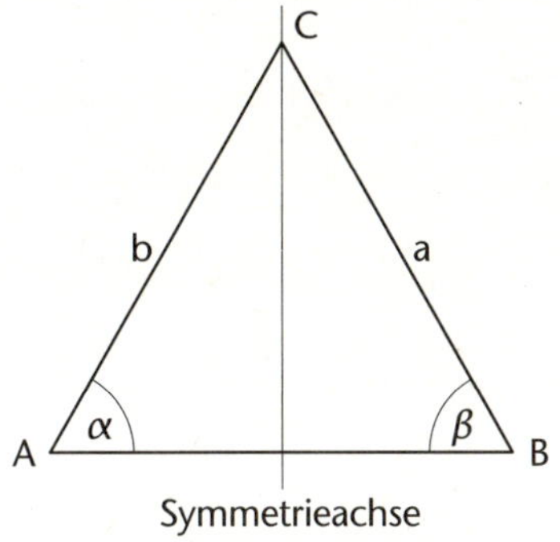

$a = b; \quad \alpha = \beta$

Für die Konstruktion eines gleichschenkligen Dreiecks genügt die Angabe von nur zwei geeigneten Bestimmungsstücken. Das noch fehlende 3. Bestimmungsstück ergibt sich automatisch aus den Eigenschaften eines gleichschenkligen Dreiecks.
Ist beispielsweise die Seite [AB] Basis eines gleichschenkligen Dreiecks, dann ist die Aufgabe:

„Konstruiere ein gleichschenkliges Dreieck
mit der Schenkellänge 5 cm und der Basislänge 3 cm.“

gleichbedeutend mit der Aufgabe:

„Konstruiere ein Dreieck mit $a = 5$ cm, $b = 5$ cm und $c = 3$ cm.“

Und das ist nichts anderes als die erste Grundkonstruktion (SSS).

Ebenso ist die Aufgabe:

„Konstruiere ein gleichschenkliges Dreieck mit der Basislänge 5 cm und einem Basiswinkel von 50°.“

gleichbedeutend mit der Aufgabe:

„Konstruiere ein Dreieck mit $c = 5$ cm, $\alpha = 50°$, $\beta = 50°$.“

Das ist die dritte Grundkonstruktion (WSW).

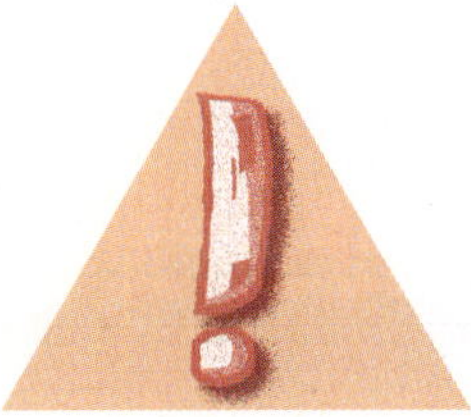

Die in der Aufgabenstellung enthaltene Information „gleichschenklig“ liefert das zur Konstruktion erforderliche dritte Bestimmungsstück.

Die Aufgabe:

„Konstruiere ein gleichschenkliges Dreieck, dessen Schenkel 4 cm lang sind und einen Winkel von 38° einschließen."

ist gleichbedeutend mit der Aufgabe:

„Konstruiere ein Dreieck mit a = 4 cm, b = 4 cm, $\gamma = 38°$."

Und das ist genau die dritte Grundkonstruktion (SWS).

10 Konstruiere ein gleichschenkliges Dreieck mit der Basis c aus

a) a = 5 cm, c = 4 cm;
b) a = 6 cm, $\gamma = 48°$;
c) c = 7,2 cm, $\alpha = 55°$;
d) b = 4,5 cm, $\beta = 35°$;
e) c = 3,2 cm, $\gamma = 65°$;
f) b = 6,2 cm, $\gamma = 30°$.

c) Das rechtwinklige Dreieck

Ein Dreieck, bei dem ein Winkel 90° beträgt, heißt **rechtwinkliges Dreieck.** Die beiden Dreieckseiten, die den rechten Winkel bilden, werden als **Katheten** bezeichnet. Die dem rechten Winkel gegenüberliegende Seite heißt **Hypotenuse.** Da einerseits die Summe der Innenwinkel eines jeden Dreiecks 180° beträgt und da andererseits für den rechten Winkel schon 90° „verbraucht" sind, haben die beiden an der Hypotenuse liegenden Winkel zusammen 90°.

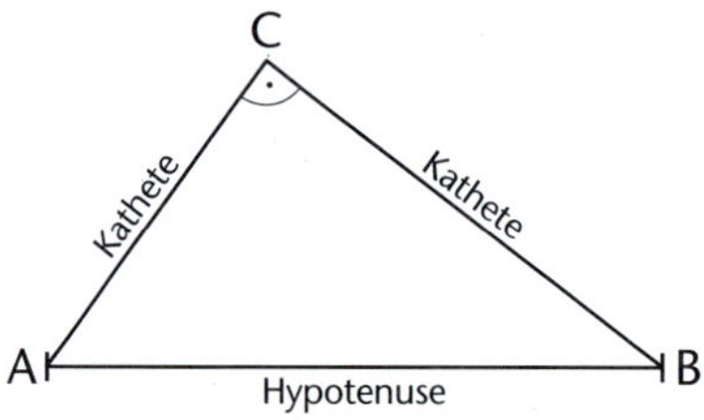

Der Scheitelpunkt des rechten Winkels liegt auf dem Thaleskreis über der Hypotenuse.

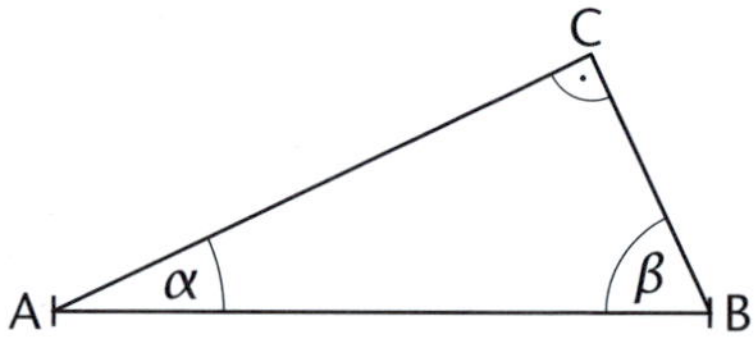

$\alpha + \beta = 90°$

Da die Angabe „rechtwinkliges Dreieck" bereits ein Bestimmungsstück liefert, nämlich einen Winkel von 90°, bedarf es zur erfolgreichen Konstruktion eines derartigen Dreiecks nur noch zweier zusätzlicher Bestimmungsstücke.

Ist die Seite [AB] Hypotenuse eines rechtwinkligen Dreiecks, dann ist beispielsweise die Aufgabe:

> „Konstruiere ein rechtwinkliges Dreieck mit den Kathetenlängen 3 cm und 4 cm."

gleichbedeutend mit der Aufgabe:

> „Konstruiere ein Dreieck aus $a = 3$ cm, $b = 4$ cm, $\gamma = 90°$."

Und das ist die uns bekannte zweite Grundkonstruktion (SWS).

Gelegentlich kommt man bei der Konstruktion rechtwinkliger Dreiecke leichter und schneller zum Ziel, wenn man nicht die einschlägige Grundkonstruktion verwendet, sondern den Thaleskreis zu Hilfe nimmt.

Die Scheitelpunkte aller rechten Winkel liegen auf dem Halbkreis über der Hypotenuse.

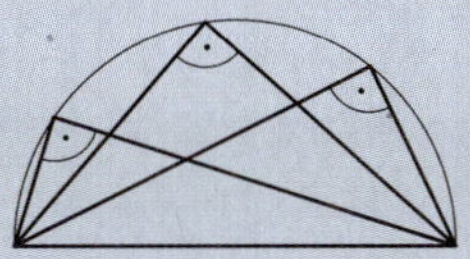

1. Aufgabenstellung:

Konstruiere ein rechtwinkliges Dreieck ($\gamma = 90°$) mit $c = 6$ cm und $a = 3$ cm.

2. Planfigur:

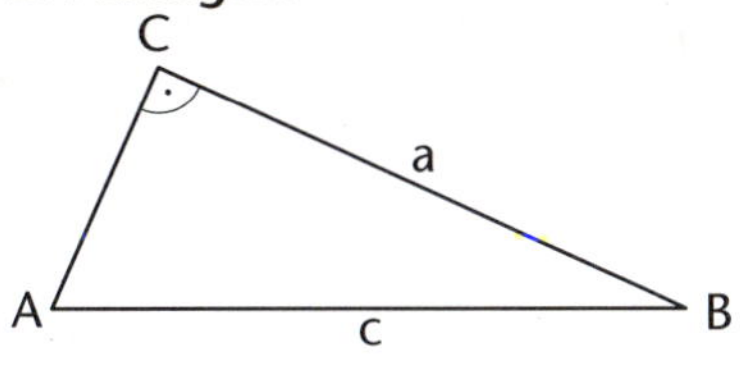

3. Konstruktionsplan:

A und B sind als Endpunkte der Strecke c mit $c = 6$ cm bestimmt.

C liegt
1. auf dem Thaleskreis über der Strecke [AB],
2. auf dem Kreis um B mit Radius $a = 3$ cm.

4. Konstruktion:

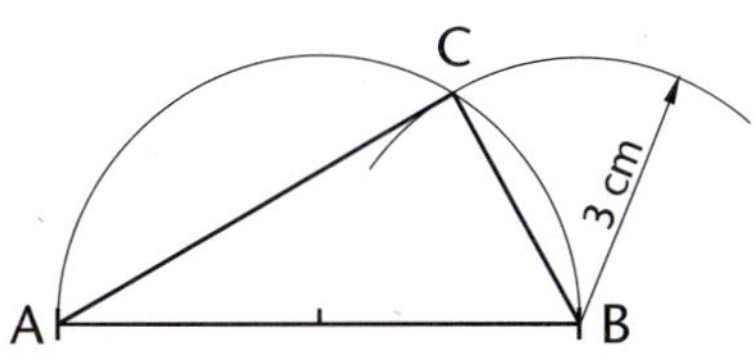

11 Konstruiere ein rechtwinkliges Dreieck ($\gamma = 90°$) mit

a) $c = 5$ cm, $\alpha = 35°$; **b)** $b = 4{,}8$ cm, $c = 6{,}2$ cm;
c) $a = 4$ cm, $b = 3$ cm; **d)** $b = 3{,}4$ cm, $\beta = 35°$.

d) Das gleichschenklig-rechtwinklige Dreieck

Ein Dreieck, das sowohl gleichschenklig als auch rechtwinklig ist, heißt **gleichschenklig-rechtwinkliges Dreieck.** Es hat alle Eigenschaften sowohl des gleichschenkligen als auch des rechtwinkligen Dreiecks. Die Katheten sind gleich lang. Die beiden an der Hypotenuse liegenden Winkel sind gleich groß. Jeder von ihnen beträgt 45°.

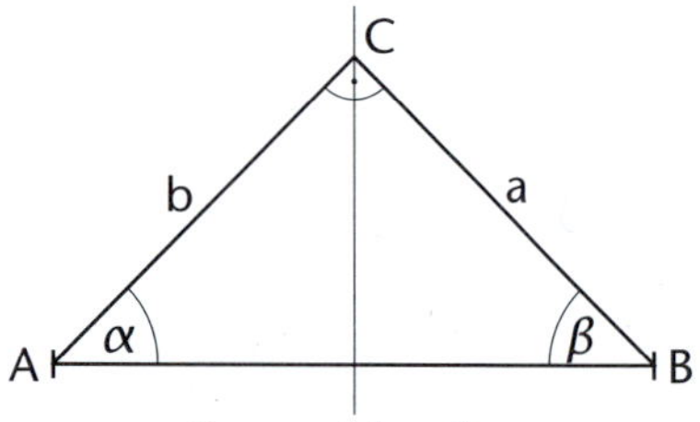

$a = b \qquad \alpha = \beta = 45°$

Durch die Angabe „gleichschenklig-rechtwinkliges Dreieck" ist bereits die Größe der drei Dreieckswinkel festgelegt (45°, 45° und 90°). Zur erfolgreichen Konstruktion eines derartigen Dreiecks bedarf es nur noch der Angabe **einer** einzigen Seitenlänge, sei es die der Kathete, sei es die der Hypotenuse. Stets haben wir es dann mit der dritten Grundkonstruktion (WSW) zu tun.

Ist die Seite [AB] Hypotenuse eines gleichschenklig-rechtwinkligen Dreiecks, dann ist beispielsweise die Aufgabe:

> „Konstruiere ein gleichschenklig-rechtwinkliges Dreieck mit der Kathetenlänge 4 cm."

gleichbedeutend mit der Aufgabe:

> „Konstruiere ein Dreieck mit $a = 4$ cm, $\beta = 45°$, $\gamma = 90°$."

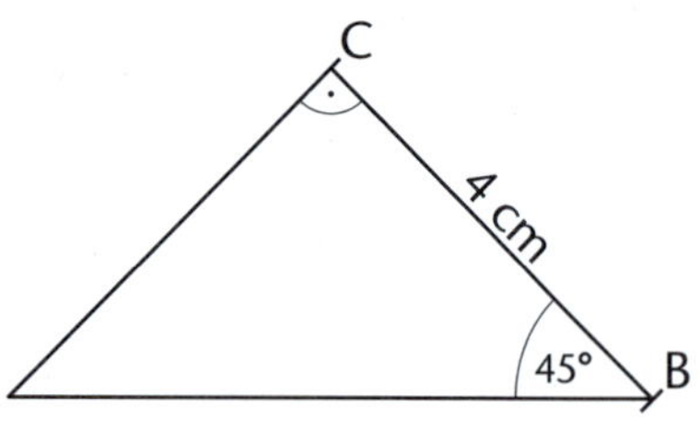

Und die Aufgabe:

„Konstruiere ein gleichschenklig-rechtwinkliges Dreieck mit der Hypotenusenlänge 5 cm.“

ist gleichbedeutend mit der Aufgabe:

„Konstruiere ein Dreieck mit $c = 5$ cm, $\alpha = 45°$, $\beta = 45°$.“

12 Konstruiere ein gleichschenklig-rechtwinkliges Dreieck ($\gamma = 90°$) mit der

a) Hypotenusenlänge 6 cm; **b)** Kathetenlänge 6 cm.

3.2 Dreieckskonstruktionen unter Verwendung der Dreieckshöhen

Als h_c (gelesen: „Höhe-C“) eines Dreiecks bezeichnet man sowohl die vom Punkt C auf die Gerade AB gefällte Lotstrecke selbst als auch die Länge dieser Lotstrecke.

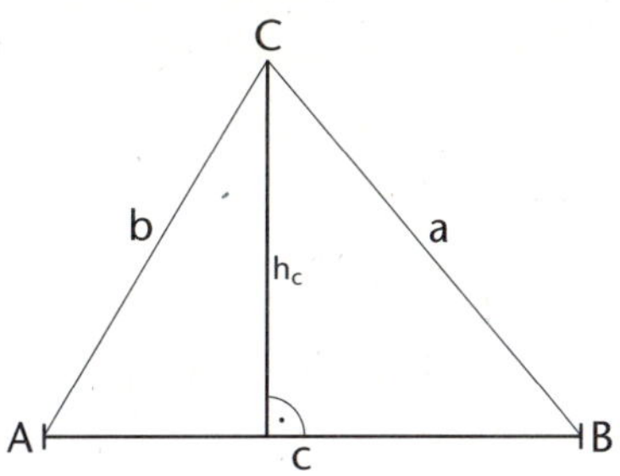

$h_c = 3$ cm

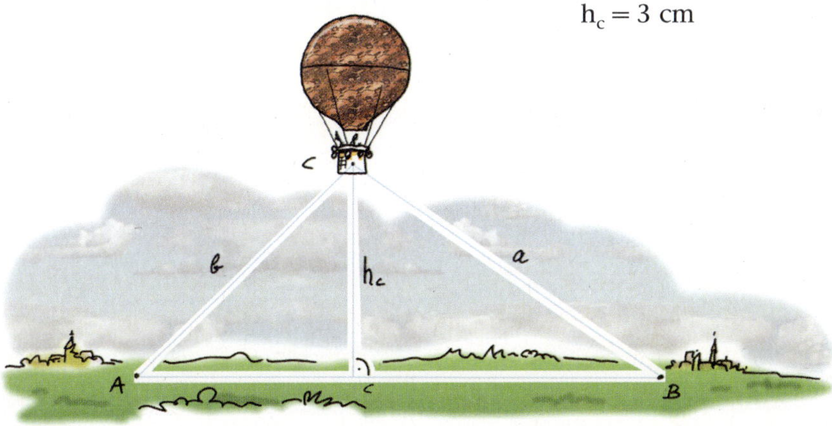

Entsprechendes gilt für h_a und h_b. h_a ist die (Länge der) vom Punkt A auf die Gerade BC gefällte(n) Lotstrecke. h_b ist die (Länge der) vom Punkt B auf die Gerade AB gefällte(n) Lotstrecke.

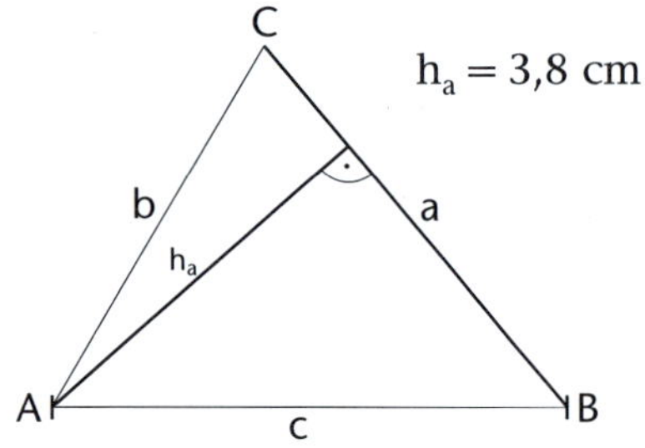

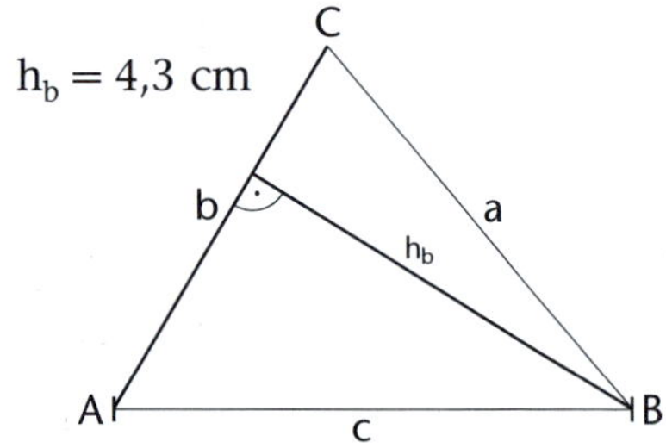

Die drei Höhen eines jeden Dreiecks schneiden sich in einem Punkt, dem so genannten **Höhenschnittpunkt** (H).

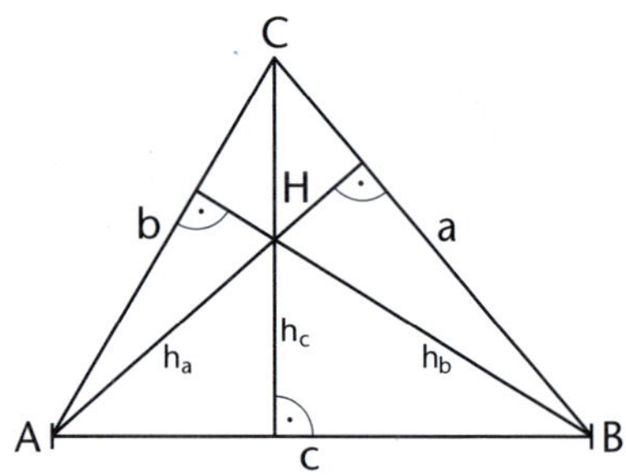

Ist einer der drei Dreieckswinkel größer als 90° **(stumpfwinkliges Dreieck),** dann verlaufen zwei der drei Höhen außerhalb des Dreiecks. Und auch der Höhenschnittpunkt H liegt dann außerhalb des Dreiecks.

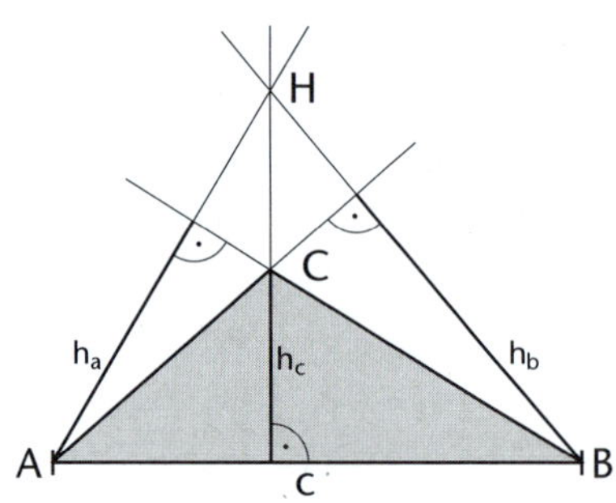

In einem **rechtwinkligen** Dreieck stimmen zwei der drei Höhen mit den beiden Katheten überein. So ist beispielsweise in einem rechtwinkligen Dreieck mit $\gamma = 90°$ die Höhe h_a gleich der Kathete b und die Höhe h_b gleich der Kathete a. Der Höhenschnittpunkt stimmt dann mit dem Dreieckspunkt C überein.

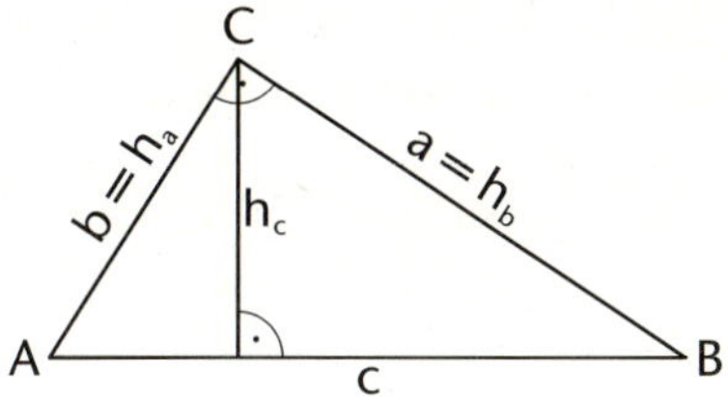

Zur Konstruktion von Dreiecken unter Verwendung der Dreieckshöhen sollten wir uns insbesondere an die folgende Bestimmungslinie aus Kapitel 1, Abschnitt 2 erinnern:

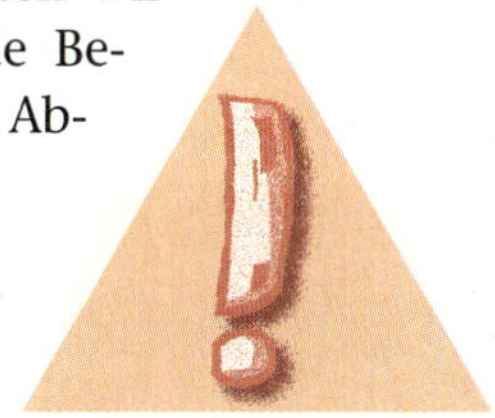

Alle Punkte, die von einer Geraden g den Abstand d haben, liegen auf den Parallelen zu g im Abstand d.

1. Aufgabenstellung:

Konstruiere ein Dreieck mit $b = 3$ cm, $c = 5$ cm und $h_c = 2{,}5$ cm.

2. Planfigur:

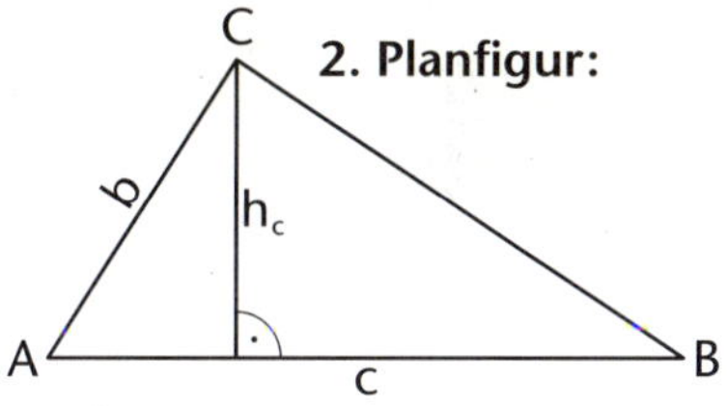

3. Konstruktionsplan:

Die Punkte A und B sind als Endpunkte der Strecke c mit $c = 5$ cm bestimmt.

Der Punkt C liegt
1. auf der Parallelen zur Geraden AB im Abstand $h_c = 2{,}5$ cm,
2. auf dem Kreis um Punkt A mit Radius $b = 3$ cm.

4. Konstruktion:

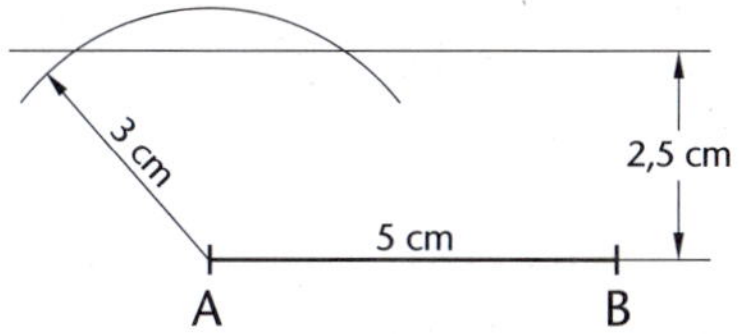

Der Kreis schneidet die Parallele zweimal. Es ergeben sich somit zwei Dreiecke mit den verlangten Maßen. Die beiden Dreiecke sind nicht deckungsgleich. Beide haben positiven Umlaufsinn.

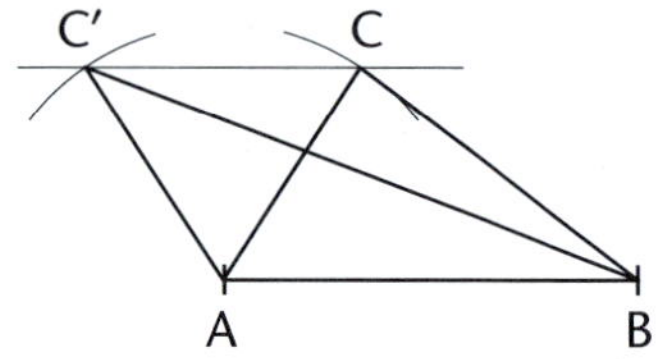

Somit gibt es also zwei unterschiedliche Dreiecke, die die gestellten Bedingungen erfüllen: das Dreieck ABC und das Dreieck ABC'.

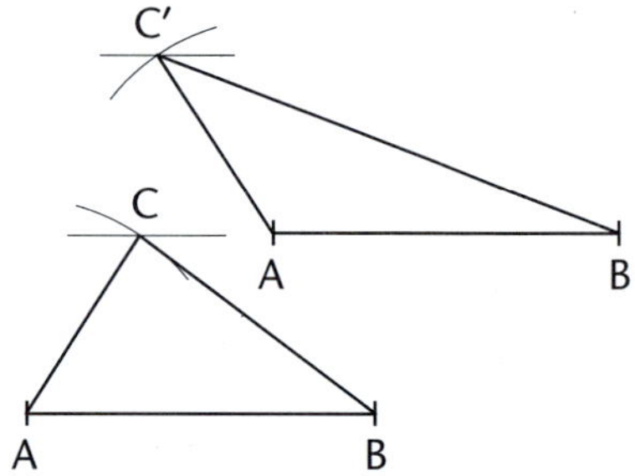

Anmerkung: *Würde man auch noch die 2. Parallele zur Geraden AB im Abstand $h_c = 2{,}5$ cm zeichnen, dann erhielte man zwar noch zwei weitere Dreiecke. Diese wären aber einerseits paarweise deckungsgleich zu den beiden bereits erhaltenen Dreiecken und hätten andererseits negativen Umlaufsinn. Vereinbarungsgemäß verzichten wir daher, sie zu zeichnen.*

Nur eine Lösung gibt es im folgenden Beispiel.

1. Aufgabenstellung:

Konstruiere ein Dreieck mit $b = 4$ cm, $h_b = 3{,}8$ cm und $\alpha = 40°$.

2. Planfigur:

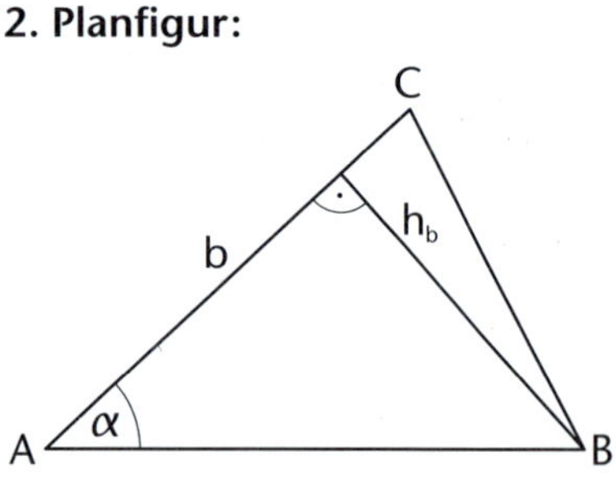

3. Konstruktionsplan:

A und C sind als Endpunkte der Strecke b mit b = 4 cm bestimmt.

B liegt
1. auf der Parallelen zur Geraden AC im Abstand $h_b = 3{,}8$ cm,
2. auf dem freien Schenkel des an [AC] in A angetragenen Winkels α mit $\alpha = 40°$.

4. Konstruktion:

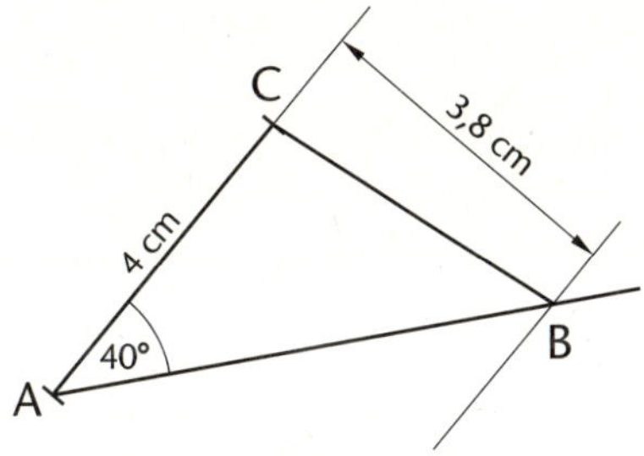

Auch **rechtwinklige Dreiecke** lassen sich aus Höhenangaben konstruieren:

1. Aufgabenstellung:

Konstruiere ein rechtwinkliges Dreieck ($\gamma = 90°$) mit c = 6 cm, $h_c = 2{,}4$ cm.

2. Planfigur:

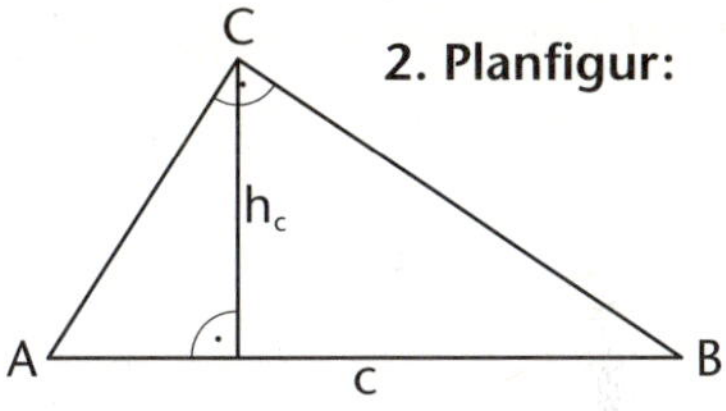

3. Konstruktionsplan:

A und B sind als Endpunkte der Strecke c mit c = 6 cm bestimmt.

C liegt
1. auf dem Thaleskreis über der Strecke [AB],
2. auf der Parallelen zur Geraden AB im Abstand $h_c = 2{,}4$ cm.

Es ergeben sich zwei kongruente Dreiecke ABC und ABC′.
Beide haben positiven Umlaufsinn.

4. Konstruktion:

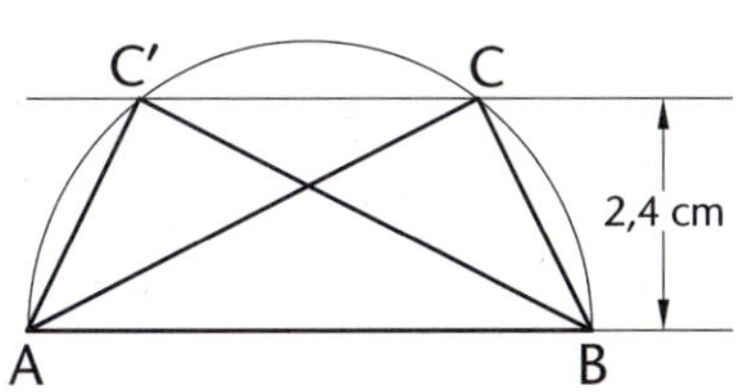

3 Dreieckskonstruktionen I

Gelegentlich führt der Weg zum Ziel über die Konstruktion von Teildreiecken.

1. Aufgabenstellung:

Konstruiere ein Dreieck mit $h_c = 4$ cm, $\alpha = 55°$ und $\beta = 60°$.

2. Planfigur:

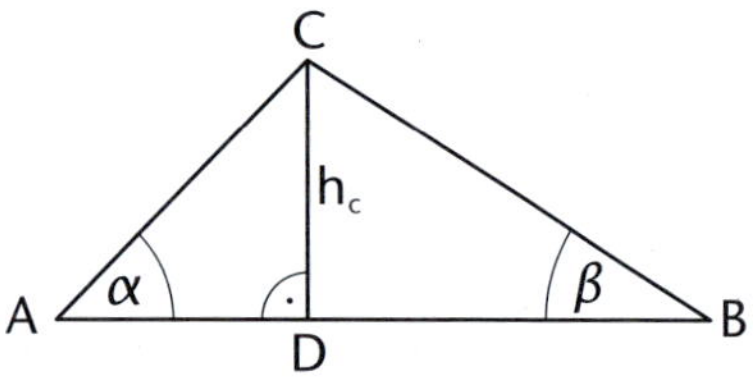

3. Konstruktionsplan:

Die beiden beim Punkt D rechtwinkligen Teildreiecke ADC und CDB lassen sich nach der dritten Grundkonstruktion (SSW) konstruieren (beginnend mit h_c!).

4. Konstruktion:

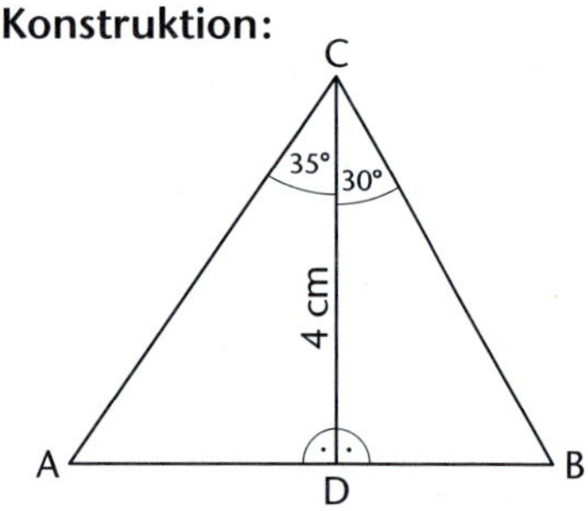

13 Konstruiere ein Dreieck mit

a) $a = 4$ cm, $c = 6$ cm, $h_c = 3$ cm;
b) $a = 6$ cm, $h_a = 3{,}5$ cm, $\beta = 35°$;
c) $a = 4$ cm, $c = 6$ cm, $h_a = 3$ cm;
d) $c = 6{,}5$ cm, $h_c = 5$ cm, $\alpha = 40°$;
e) $a = 5$ cm, $b = 3{,}6$ cm, $h_b = 4{,}2$ cm;
f) $b = 3{,}2$ cm, $h_b = 3$ cm, $\gamma = 120°$;
g) $b = 4{,}2$ cm, $c = 3{,}8$ cm, $h_c = 3$ cm;
h) $c = 4{,}2$ cm, $h_c = 4{,}2$ cm, $\beta = 58°$.

14 Konstruiere ein gleichseitiges Dreieck mit einer 4 cm langen Höhe.

15 Konstruiere ein gleichschenkliges Dreieck mit den Schenkeln $a = b = 4{,}5$ cm und $h_a = 4$ cm.

3.3 Dreieckskonstruktionen unter Verwendung der Seitenhalbierenden

Verbindet man den Mittelpunkt M_c der Dreiecksseite c mit dem gegenüberliegenden Eckpunkt C, dann erhält man die „Seitenhalbierende C". Sowohl sie selbst als auch ihre Länge bezeichnet man mit dem Symbol s_c.

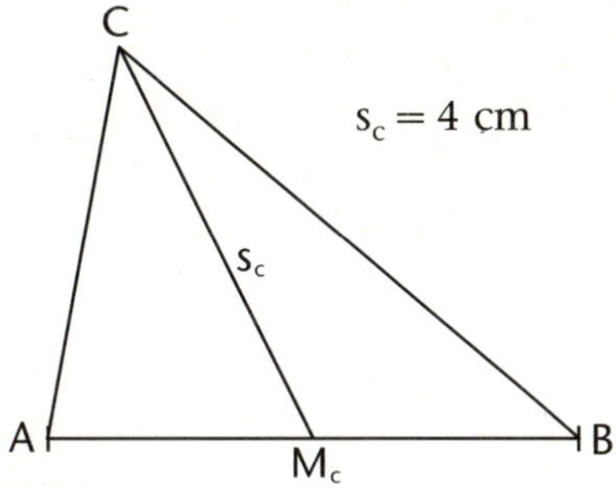

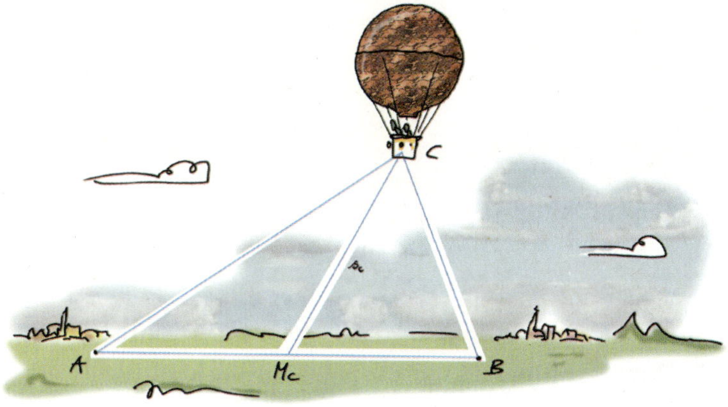

Entsprechendes gilt für s_a und s_b. s_a ist die (Länge der) Strecke vom Mittelpunkt M_a der Seite a zum Punkt A. s_b ist die (Länge der) Strecke vom Mittelpunkt M_b der Seite b zum Punkt B.

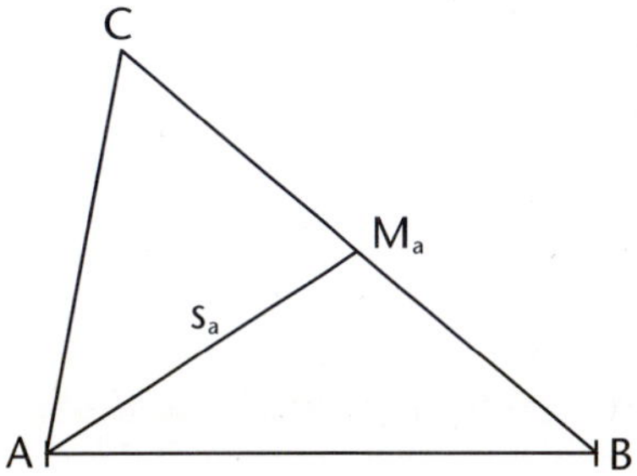

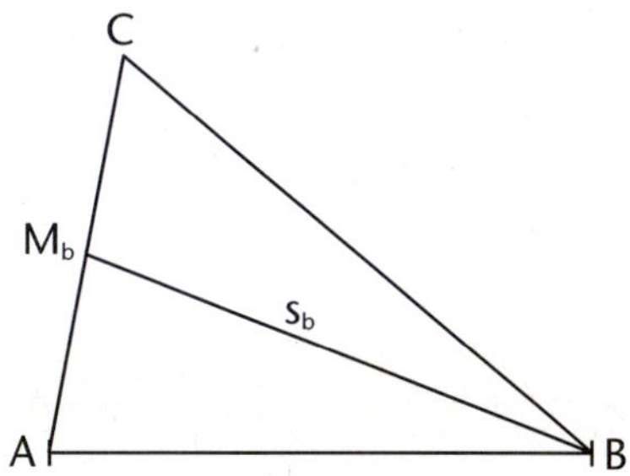

Die drei Seitenhalbierenden eines jeden Dreiecks schneiden sich in einem Punkt, dem so genannten **Schwerpunkt** (S). Im Gegensatz zum Höhenschnittpunkt liegt der Schwerpunkt stets im Innern des Dreiecks.

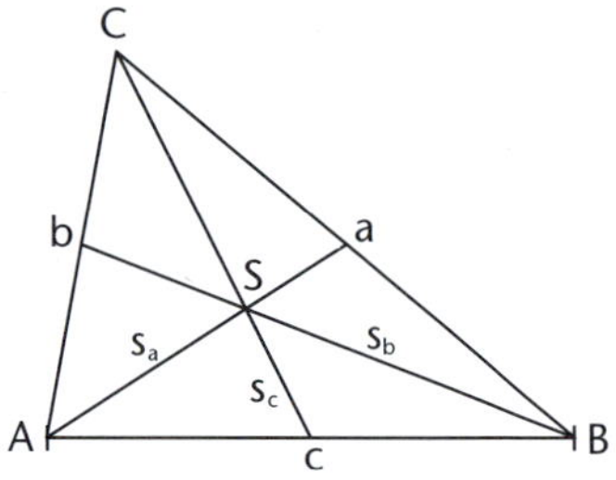

Da im **rechtwinkligen Dreieck** die Dreieckspunkte A, B und C auf dem Thaleskreis liegen, ist die Seitenhalbierende der Hypotenuse halb so lang wie die Hypotenuse selbst.

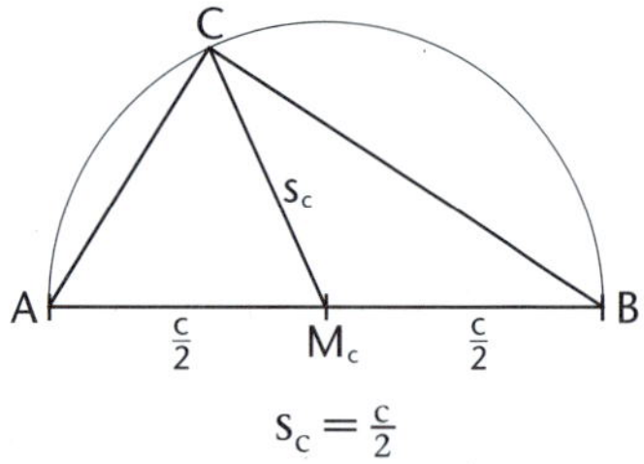

Im **gleichseitigen Dreieck** stimmen Seitenhalbierende mit Höhen überein. Demzufolge fallen Höhenschnittpunkt und Schwerpunkt eines gleichseitigen Dreiecks zusammen.

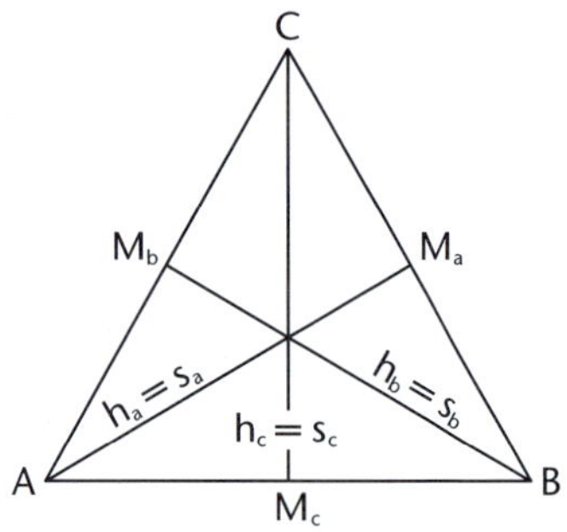

Im **gleichschenkligen Dreieck** stimmt die Seitenhalbierende der Basis mit der Basishöhe überein und ist deshalb Symmetrieachse. Die Seitenhalbierenden der Schenkel sind gleich lang.

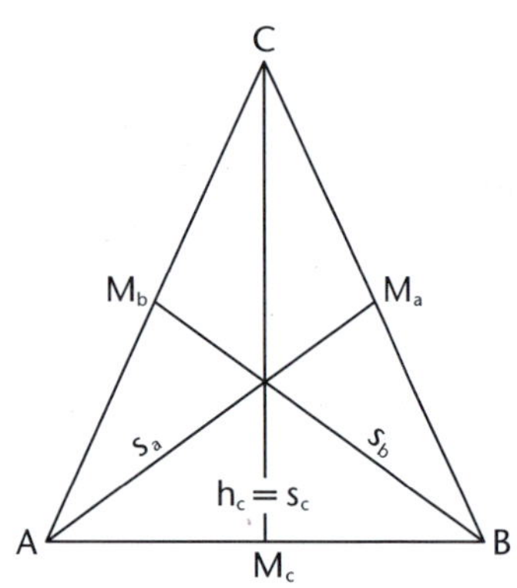

Bei der Konstruktion von Dreiecken unter Verwendung von Seitenhalbierenden spielen naturgemäß die betreffenden Seitenmittelpunkte eine wichtige Rolle. Deshalb sollte man sie in der Planfigur angeben.

1. Aufgabenstellung:

Konstruiere ein Dreieck mit $c = 5$ cm, $s_c = 3$ cm, $\alpha = 30°$.

2. Planfigur:

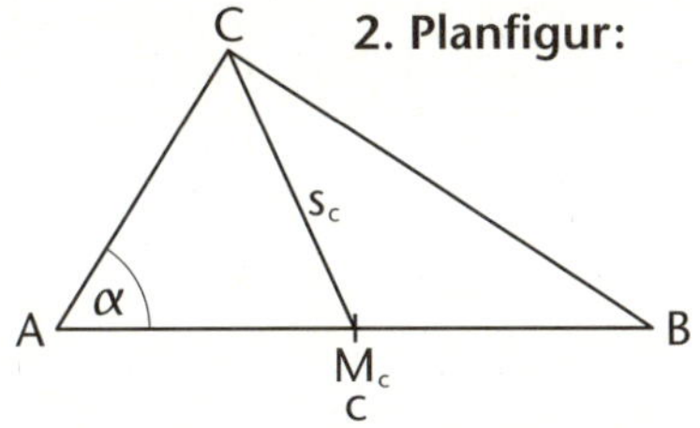

3. Konstruktionsplan:

A und B sind als Endpunkte der Strecke c mit $c = 5$ cm festgelegt.

C liegt
1. auf dem Kreis um den Mittelpunkt M_c der Strecke [AB] mit Radius $s_c = 3$ cm,
2. auf dem freien Schenkel des an [AB] in A angetragenen Winkels α mit $\alpha = 30°$.

4. Konstruktion:

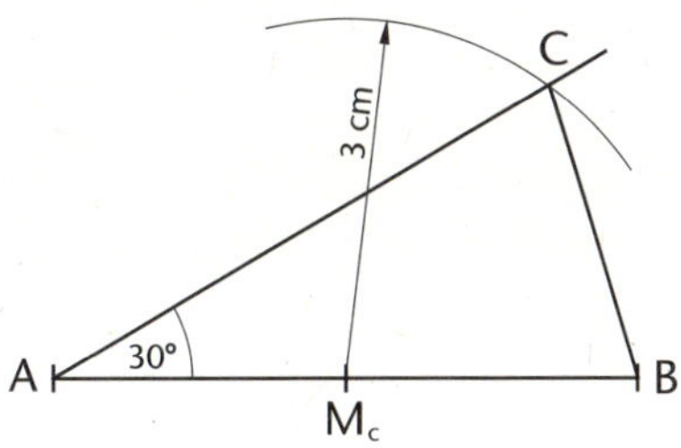

16 Konstruiere ebenso ein Dreieck mit

a) $a = 4$ cm, $c = 5$ cm, $s_a = 4{,}5$ cm;
b) $b = 3{,}8$ cm, $s_b = 4{,}5$ cm, $\gamma = 85°$.

Oft ist es hilfreich, ein geeignetes **Teildreieck** mithilfe einer der vier Grundkonstruktionen zu konstruieren.

1. Aufgabenstellung:

Konstruiere ein Dreieck mit
$b = 4$ cm, $s_c = 4{,}5$ cm, $\alpha = 80°$.

2. Planfigur:

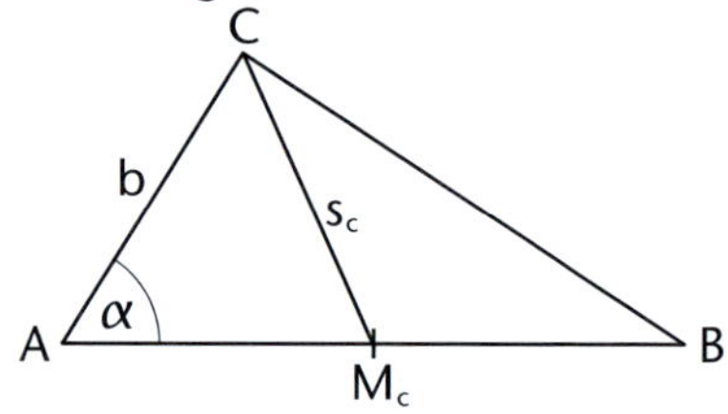

3. Konstruktionsplan:

Das Teildreieck AM_cC lässt sich nach der vierten Grundkonstruktion (SsW) konstruieren (beginnend mit b!).

B liegt
1. auf der Verlängerung der Strecke $[AM_c]$ über M_c hinaus,
2. auf dem Kreis um M_c mit Radius AM_c.

4. Konstruktion:

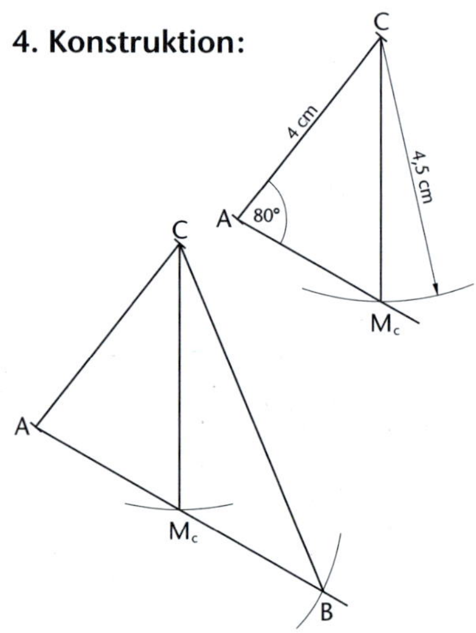

Natürlich kann es bei derartigen Aufgaben auch einmal zwei Lösungen geben.

1. Aufgabenstellung:

Konstruiere ein Dreieck mit
$a = 5$ cm, $s_c = 4{,}5$ cm, $\beta = 60°$.

2. Planfigur:

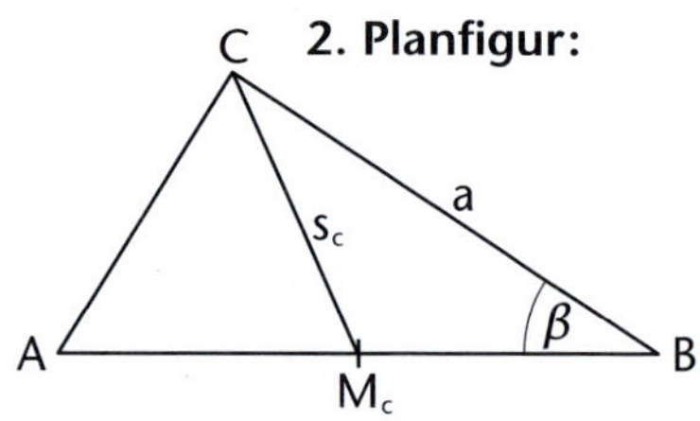

3. Konstruktionsplan:

Das Teildreieck BCM_c lässt sich nach der vierten Grundkonstruktion (sSW) konstruieren. Weil der gegebene Winkel β der kleineren Seite gegenüberliegt, gibt es zwei derartige Teildreiecke, das Teildreieck M_cBC und das Teildreieck M'_cBC. Diese beiden Dreiecke sind nicht deckungsgleich. Bei der Fortsetzung der Konstruktion müssen wir daher sowohl vom Teildreieck M_cBC als auch vom Teildreieck M'_cBC ausgehen.

A liegt
1. auf der Verlängerung der Strecke $[BM_c]$ über M_c hinaus,
2. auf dem Kreis um M_c mit Radius BM_c.

4. Konstruktion:

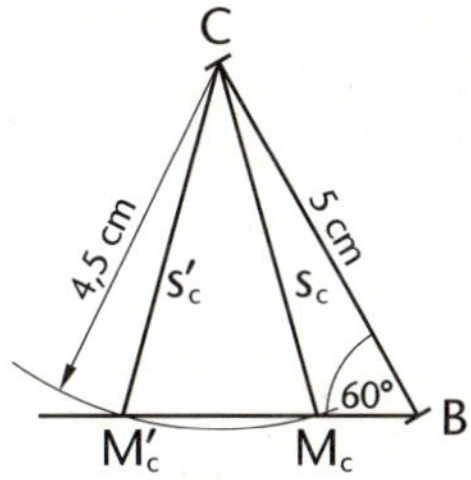

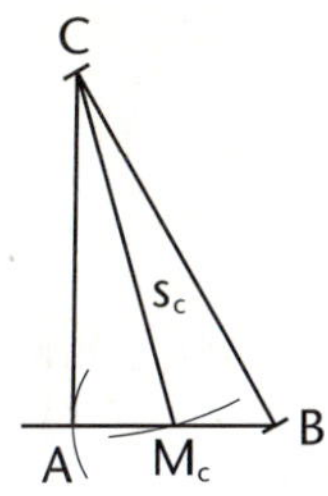

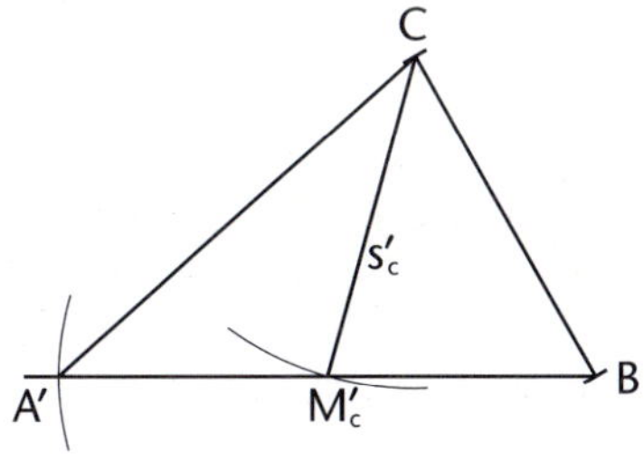

17 Konstruiere Dreiecke mit

a) $a = 6$ cm, $s_a = 5$ cm, $\beta = 65°$; **b)** $b = 4{,}6$ cm, $s_c = 5$ cm, $\alpha = 85°$;
c) $b = 5{,}5$ cm, $s_c = 4$ cm, $\alpha = 35°$; **d)** $b = 6$ cm, $c = 5$ cm, $s_c = 4$ cm;
e) $b = 5$ cm, $s_b = 6$ cm, $\alpha = 50°$; **f)** $c = 6{,}5$ cm, $s_a = 5$ cm, $\beta = 45°$.

18 Konstruiere ein rechtwinkliges Dreieck ($\gamma = 90°$) mit

a) $b = 6$ cm, $s_b = 8$ cm; **b)** $b = 5$ cm, $s_a = 6$ cm.

19 Konstruiere ein gleichschenkliges Dreieck mit der Basis c aus

a) $a = 6$ cm, $s_a = 7$ cm; **b)** $b = 4{,}2$ cm, $s_a = 3{,}6$ cm.

3.4 Dreieckskonstruktionen unter Verwendung der Winkelhalbierenden

Die Winkelhalbierende des Winkels α ist eine (unendlich lange) Gerade. Für uns interessant ist davon jedoch nur das Stück, das innerhalb des Dreiecks verläuft. Sowohl diese Strecke selbst als auch ihre Länge bezeichnet man mit dem Symbol w_α.

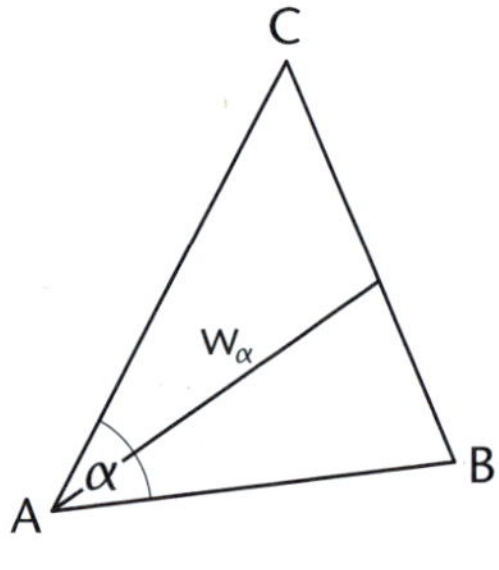

Entsprechendes gilt für w_β und w_γ. w_β ist die (Länge der) im Inneren des Dreiecks verlaufende(n) Teilstrecke der Winkelhalbierenden des Winkels β. w_γ ist die (Länge der) im Inneren des Dreiecks verlaufende(n) Teilstrecke der Winkelhalbierenden des Winkels γ.

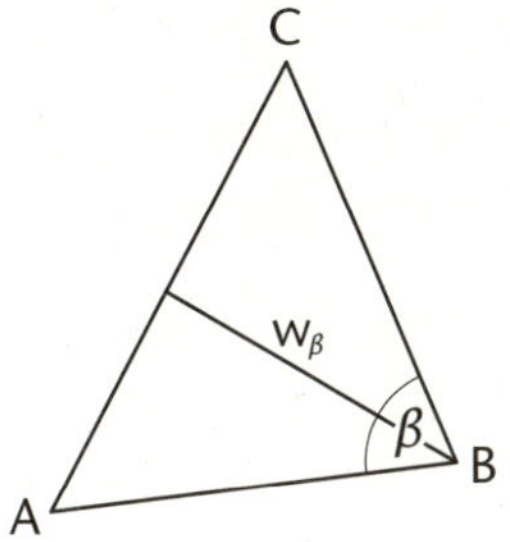

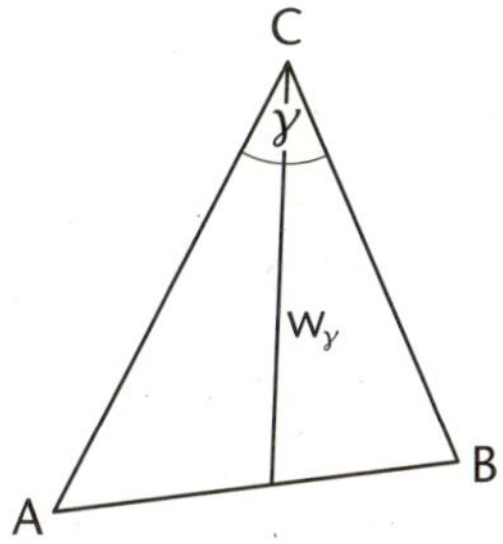

Die drei Winkelhalbierenden eines jeden Dreiecks schneiden sich in einem Punkt. Um diesen Punkt herum lässt sich ein Kreis zeichnen, der alle drei Seiten des Dreiecks berührt. Es ist dies der größtmögliche Kreis, der ganz im Inneren des Dreiecks verläuft. Er heißt **Inkreis.** Seinen Mittelpunkt bezeichnet man üblicherweise mit I, seinen Radius mit dem griechischen Buchstaben ρ („rho"). Man erhält den Inkreisradius ρ, wenn man von I aus das Lot auf eine der drei Dreiecksseiten fällt.

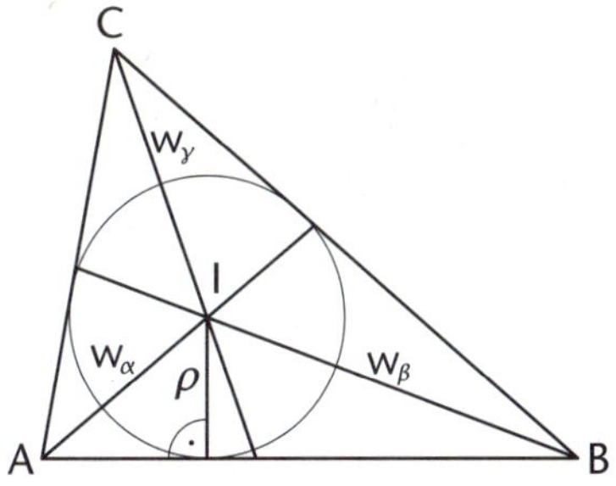

Im **gleichseitigen Dreieck** stimmen die Winkelhalbierenden sowohl mit den Höhen als auch mit den Seitenhalbierenden überein.

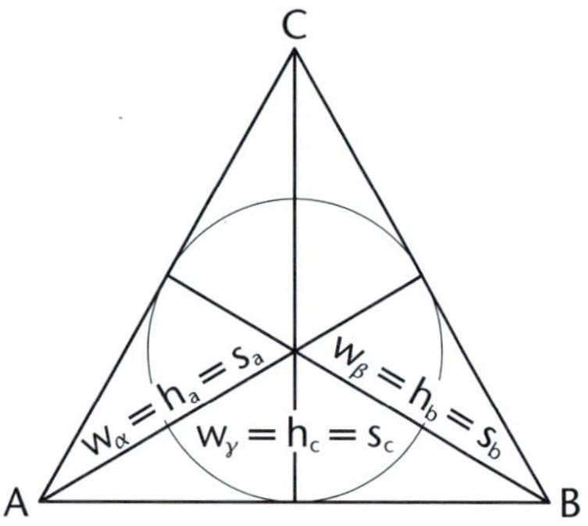

Im **gleichschenkligen Dreieck** stimmt die Winkelhalbierende des der Basis gegenüberliegenden Winkels mit der Höhe und der Seitenhalbierenden der Basis überein. Die Winkelhalbierenden der beiden Basiswinkel sind gleich lang.

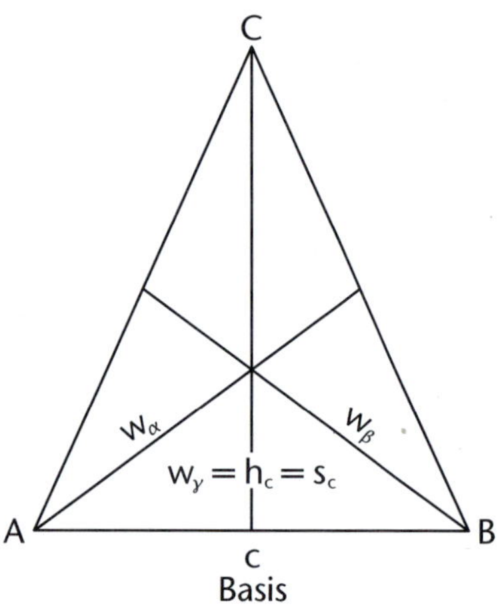

$w_\alpha = w_\beta \quad w_\gamma = h_c = s_c$

Bei der Konstruktion eines Dreiecks unter Verwendung der Winkelhalbierenden ist es in der Regel unumgänglich, sich zunächst an der Planfigur ein **Teildreieck** herauszusuchen, das mithilfe einer der vier Grundkonstruktionen konstruiert werden kann. Aus diesem Teildreieck heraus lässt sich dann der noch fehlende Punkt des gesuchten Dreiecks ermitteln.

1. Aufgabenstellung:

Konstruiere ein Dreieck mit $c = 6$ cm, $\alpha = 50°$, $w_\alpha = 5{,}5$ cm.

2. Planfigur:

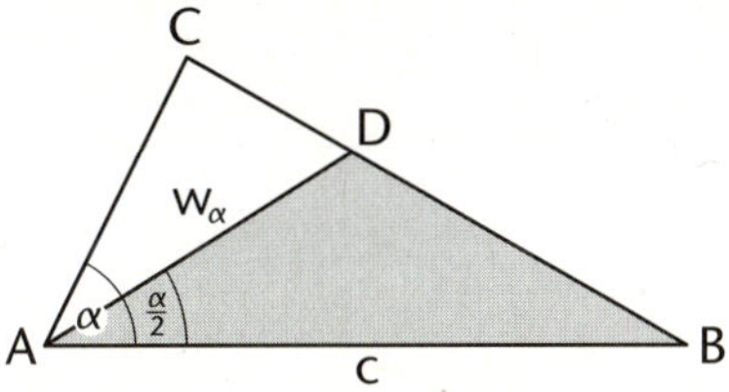

3. Konstruktionsplan:

Das Teildreieck ABD lässt sich nach der 2. Grundkonstruktion (SWS) konstruieren. Der darin auftretende Winkel ist halb so groß wie α, beträgt also 25°.

4. Konstruktion:

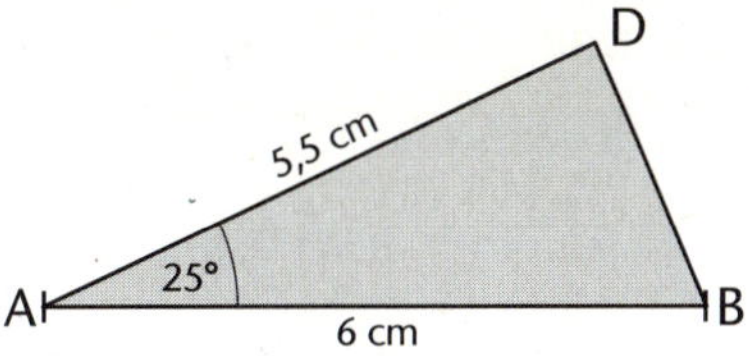

C liegt
1. auf dem freien Schenkel des an [AB] im Punkt A angetragenen Winkels α mit $\alpha = 50°$,
2. auf der Verlängerung der Strecke [BD] über D hinaus.

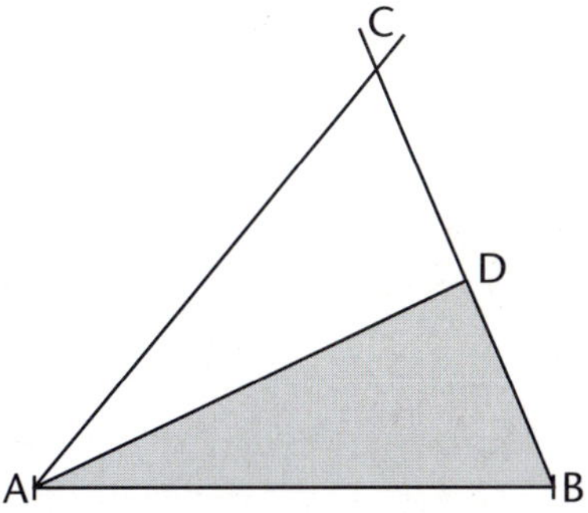

3 Dreieckskonstruktionen I

Zwei weitere Beispiele zur Konstruktion von Teildreiecken mithilfe der Winkelhalbierenden.

1. Aufgabenstellung:

Konstruiere ein Dreieck mit $w_\beta = 4$ cm, $\beta = 70°$, $\gamma = 47°$.

2. Planfigur:

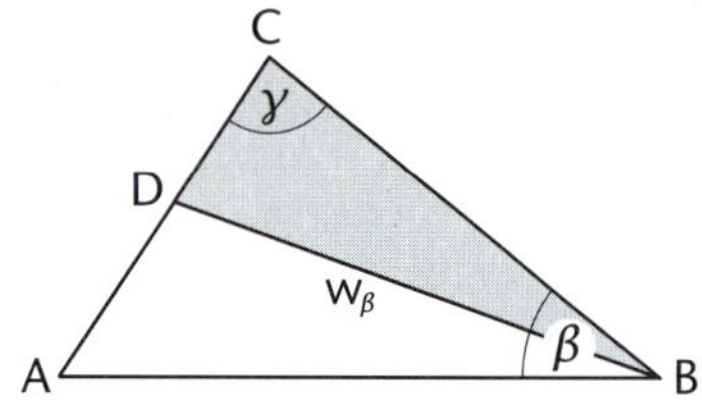

3. Konstruktionsplan:

Das Teildreieck BCD lässt sich nach der dritten Grundkonstruktion (SWW) konstruieren. Der Winkel beim Punkt B ist dabei halb so groß wie β, beträgt also 35°.

A liegt
1. auf dem freien Schenkel des an [BC] im Punkt B angetragenen Winkels β mit $\beta = 70°$,
2. auf der Verlängerung der Strecke [CD] über D hinaus.

4. Konstruktion:

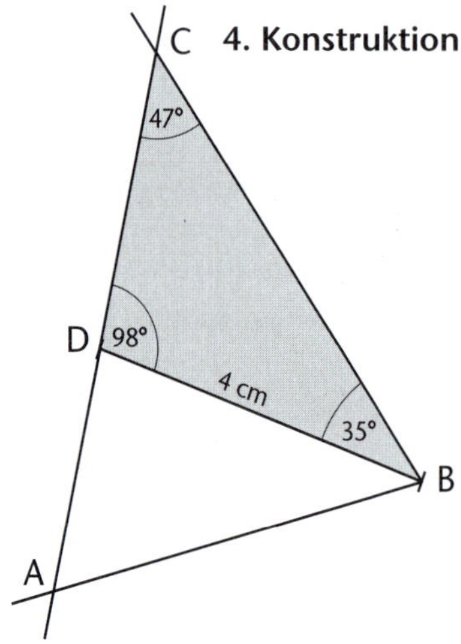

1. Aufgabenstellung:

Konstruiere ein Dreieck aus $a = 5$ cm, $w_\beta = 5{,}5$ cm, $\gamma = 84°$.

2. Planfigur:

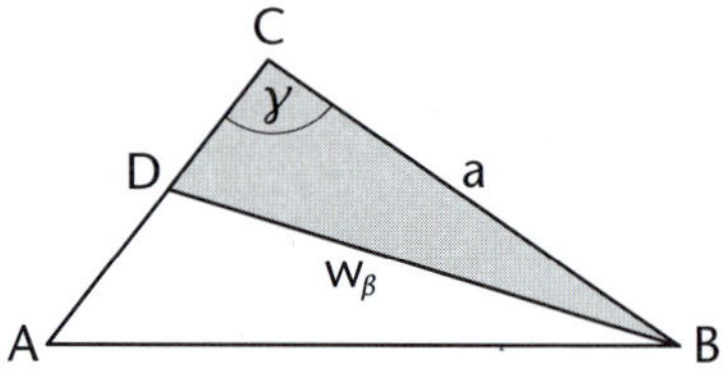

3. Konstruktionsplan:

Das Teildreieck DBC lässt sich nach der vierten Grundkonstruktion (SsW) konstruieren.

A liegt
1. auf der Verlängerung der Strecke [CD] über D hinaus,
2. auf dem freien Schenkel des an [BC] in B angetragenen Winkels, der doppelt so groß ist wie ∢ CBD.

4. Konstruktion:

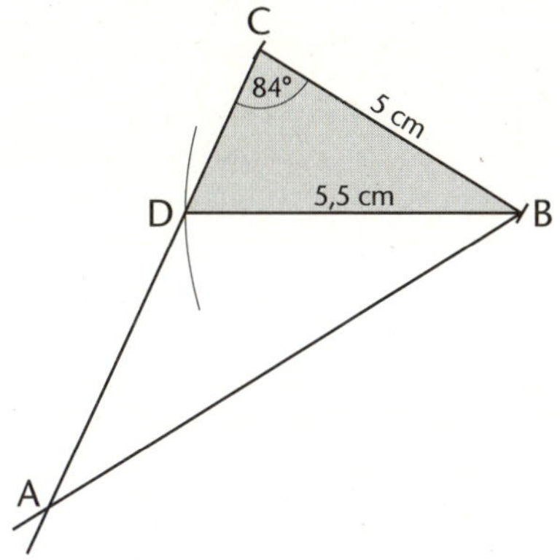

20 Konstruiere Dreiecke mit

a) $b = 6$ cm, $w_\gamma = 4$ cm, $\gamma = 58°$;
b) $w_\alpha = 3$ cm, $\beta = 48°$, $\gamma = 36°$;
c) $c = 5$ cm, $w_\alpha = 4$ cm, $\alpha = 66°$;
d) $b = 4$ cm, $w_\alpha = 4{,}3$ cm, $\gamma = 75°$;
e) $a = 5{,}5$ cm, $w_\beta = 2{,}8$ cm, $\beta = 98°$;
f) $a = 3$ cm, $w_\beta = 3{,}2$ cm, $\gamma = 80°$.

3.5 Dreieckskonstruktionen unter Verwendung der Mittelsenkrechten und des Umkreises

Die im Mittelpunkt der Dreiecksseite c errichtete Senkrechte heißt „Mittelsenkrechte C“. Sie erhält das Symbol m_c.

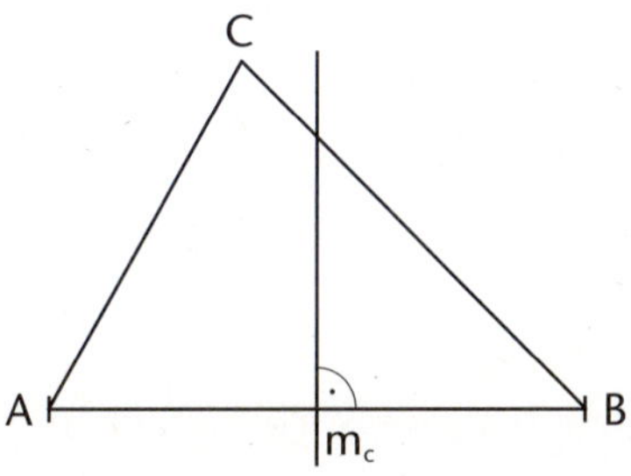

Entsprechend kann man noch zwei weitere Mittelsenkrechten konstruieren:

die „Mittelsenkrechte A“ (m_a) und die „Mittelsenkrechte B“ (m_b).

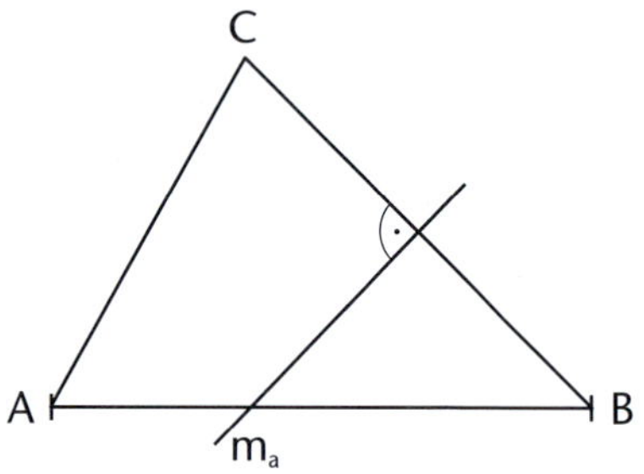

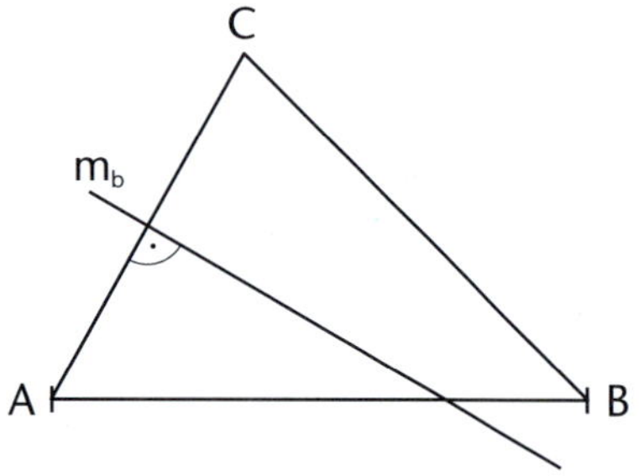

Die drei Mittelsenkrechten eines jeden Dreiecks schneiden sich in einem Punkt. Um diesen Punkt herum lässt sich ein Kreis zeichnen, der durch alle drei Eckpunkte des Dreiecks verläuft. Es ist dies der kleinstmögliche Kreis, der das ganze Dreieck enthält. Er heißt **Umkreis.** Seinen Mittelpunkt bezeichnet man üblicherweise mit U, seinen Radius mit r.

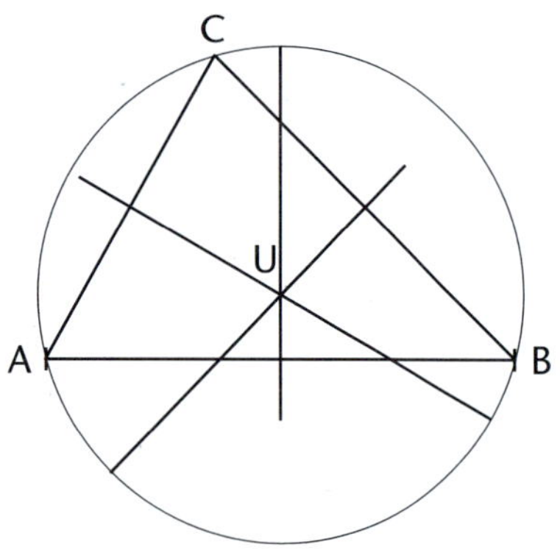

Sind alle Winkel eines Dreiecks **kleiner als 90°** („spitzwinkliges Dreieck"), dann liegt der Umkreismittelpunkt innerhalb des Dreiecks.

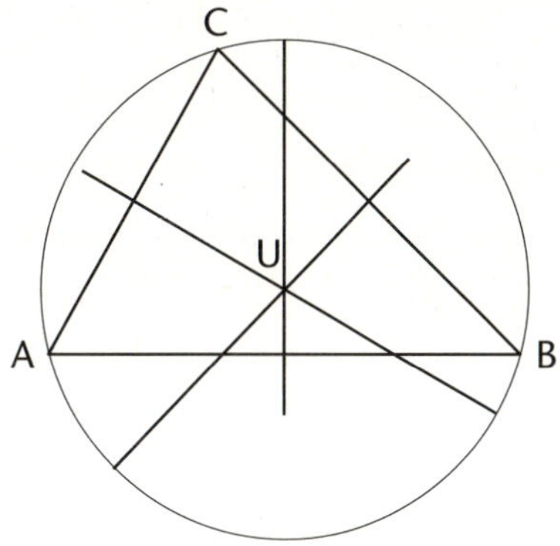

Ist einer der Dreieckswinkel **größer als 90°** („stumpfwinkliges Dreieck"), dann liegt der Umkreismittelpunkt außerhalb des Dreiecks.

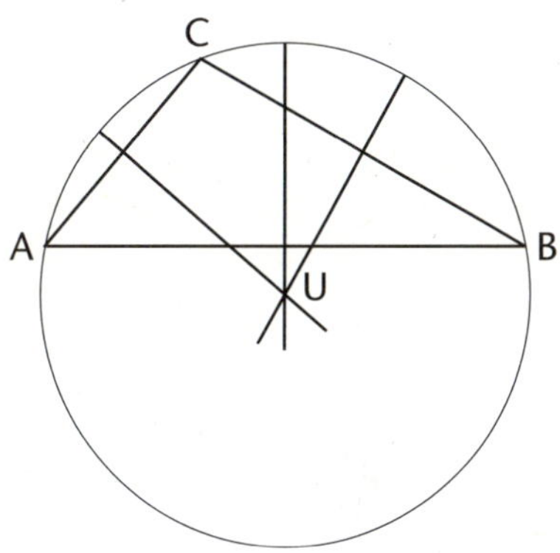

Ist einer der Dreieckswinkel **gleich 90°** („rechtwinkliges Dreieck"), dann fällt der Umkreismittelpunkt mit dem Mittelpunkt der Hypotenuse zusammen. Er ist identisch mit dem des Thaleskreises.

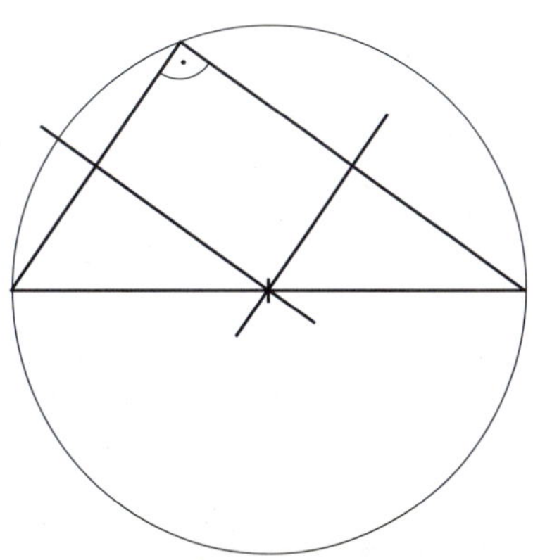

3 Dreieckskonstruktionen I

Bei Dreieckskonstruktionen unter Verwendung des Umkreises muss man stets damit rechnen, dass es mehr als eine Lösung gibt. Achte also darauf, alle möglichen Fälle zu erfassen, die sich im Verlauf der Konstruktion ergeben.

Und immer daran denken:

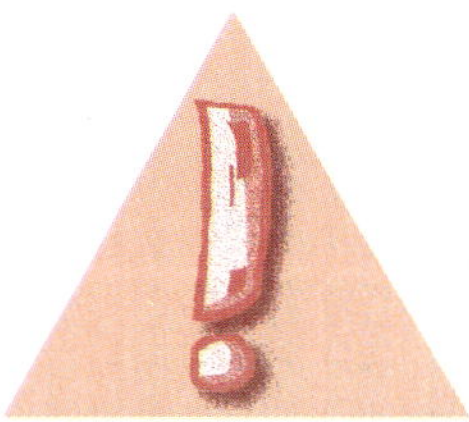

Ergeben sich bei einer Konstruktionsaufgabe zwei deckungsgleiche Dreiecke, dann zeichnen wir nur dasjenige von ihnen, das einen positiven Umlaufsinn hat. Ergeben sich hingegen zwei nicht deckungsgleiche Dreiecke, dann müssen wir sie beide zeichnen.

1. Aufgabenstellung:

Konstruiere ein Dreieck mit $a = 4$ cm, $b = 2{,}5$ cm und dem Umkreisradius $r = 3$ cm.

2. Planfigur:

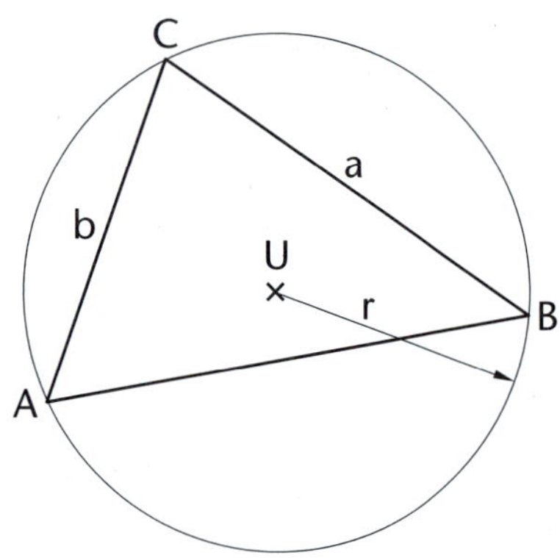

3. Konstruktionsplan:

Umkreis mit r = 3 cm zeichnen. B kann auf dem Umkreis frei gewählt werden.

C liegt
1. auf dem Umkreis,
2. auf dem Kreis um B mit Radius a = 4 cm.

Da die beiden Kreise sich zweimal schneiden, ergeben sich zwei Punkte, die von B genau 4 cm entfernt sind: der Punkt C und der Punkt C′. Beide Punkte müssen für die weitere Konstruktion berücksichtigt werden.

4. Konstruktion:

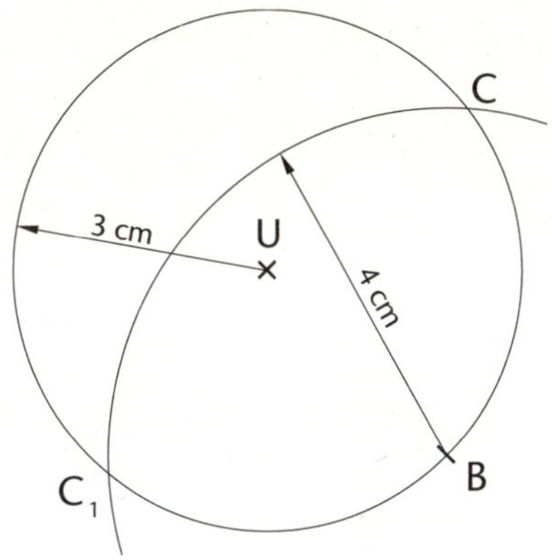

A liegt
1. auf dem Umkreis,
2. auf dem Kreis um C bzw. C′ mit Radius b = 2,5 cm.

Auch diese beiden Kreise schneiden sich zweimal. Es ergeben sich somit insgesamt vier Dreiecke: Die beiden deckungsgleichen Dreiecke ABC und A'_1BC_1 und die beiden ebenfalls deckungsgleichen Dreiecke A_1BC_1 und A′BC.

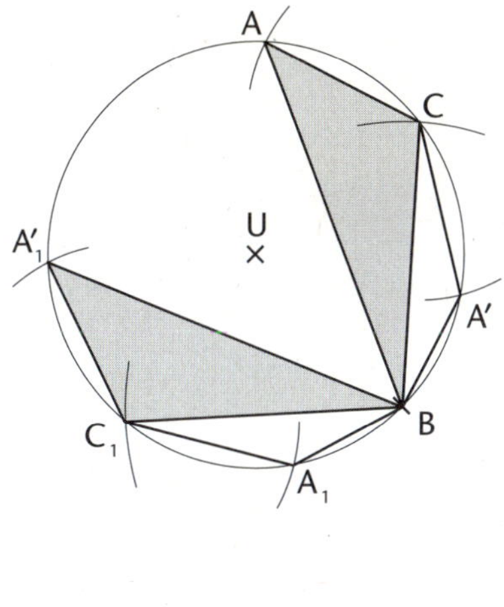

In die endgültige Lösungsfigur zeichnen wir dann allerdings nur dasjenige der deckungsgleichen Dreiecke, das einen positiven Umlaufsinn besitzt. Somit ergeben sich als Lösung der Aufgabe die beiden Dreiecke ABC und A_1BC_1.

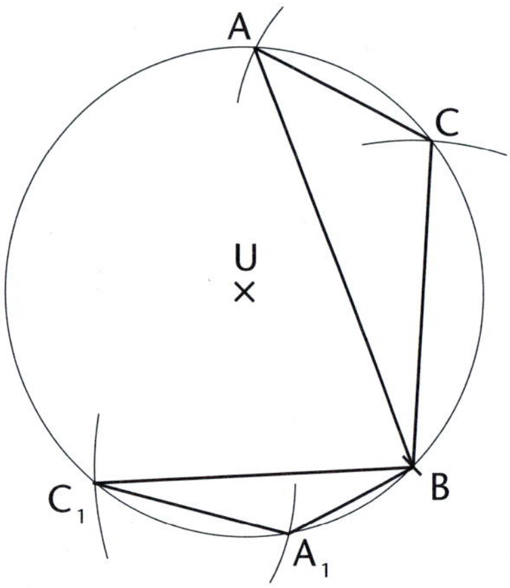

Eine Besonderheit tritt bei dem folgenden Beispiel auf.

1. Aufgabenstellung:

Konstruiere ein Dreieck mit $b = 4{,}5$ cm, $\gamma = 30°$ und dem Umkreisradius $r = 2{,}5$ cm.

2. Planfigur:

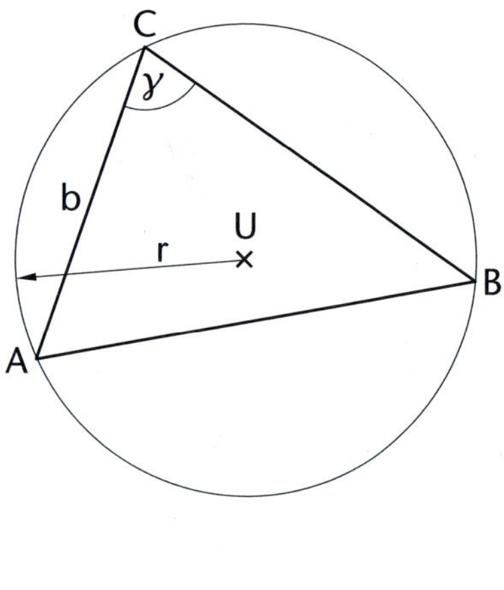

3. Konstruktionsplan:

Umkreis mit r = 2,5 cm zeichnen. A kann auf dem Umkreis frei gewählt werden.

C liegt
1. auf dem Umkreis,
2. auf dem Kreis um A mit Radius b = 4,5 cm.

Es ergeben sich zwei Schnittpunkte, C und C_1.

4. Konstruktion:

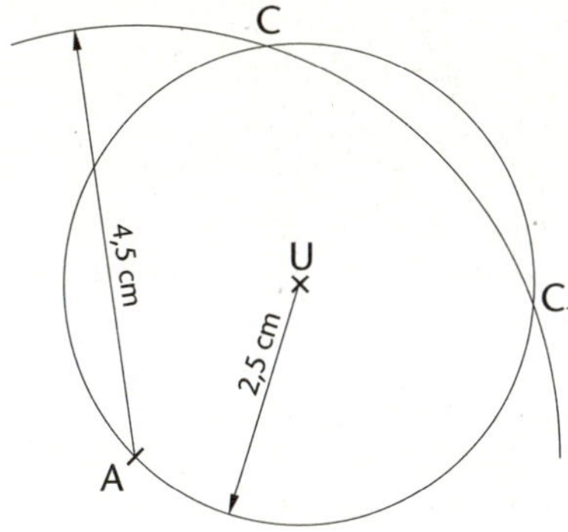

B liegt
1. auf dem Umkreis,
2. auf dem freien Schenkel des an [AC] in C (bzw. an [AC_1] in C_1) angetragenen Winkels $\gamma = 30°$.

Die beiden freien Schenkel verlaufen durch denselben Punkt auf dem Umkreis. Wir erhalten also nicht zwei Punkte B und B', sondern nur einen Punkt B.

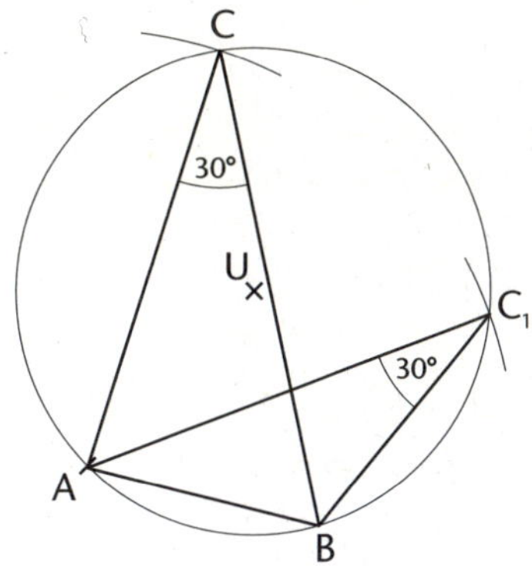

Falls ihr im Unterricht schon den so genannten Umfangswinkelsatz behandelt habt, kannst du dir diese Besonderheit leicht selbst erklären. Trotzdem ergeben sich aber zwei nicht deckungsgleiche Dreiecke mit den verlangten Maßen, das Dreieck ABC und das Dreieck ABC_1.

21 Konstruiere Dreiecke mit dem Umkreisradius r = 4 cm und

a) a = 5 cm, b = 6 cm;
b) b = 7 cm, $\gamma = 20°$;
c) c = 5 cm, b = 5,5 cm;
d) a = 7 cm, $\beta = 40°$;
e) a = 7 cm, $\gamma = 25°$;
f) c = 7,5 cm, $\alpha = 60°$.

3 Dreieckskonstruktionen I

Besonders einfach ist die Konstruktion von rechtwinkligen Dreiecken, bei denen der Umkreisradius gegeben ist.

1. Aufgabenstellung:

Konstruiere ein rechtwinkliges Dreieck ($\gamma = 90°$) mit $\alpha = 35°$ und dem Umkreisradius $r = 2{,}8$ cm.

2. Planfigur:

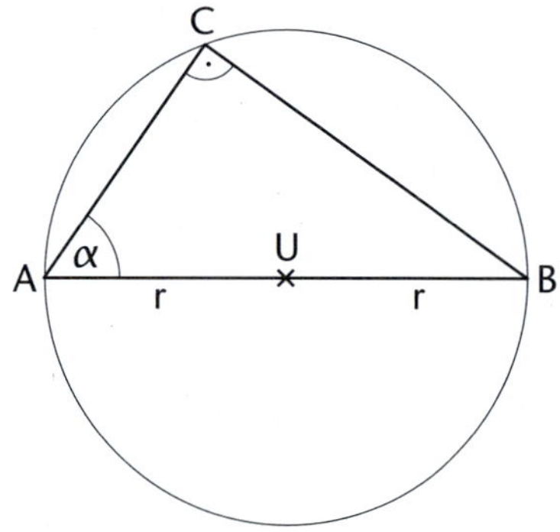

3. Konstruktionsplan:

Umkreis mit $r = 2{,}8$ cm zeichnen. Weil im rechtwinkligen Dreieck der Umkreismittelpunkt mit dem Mittelpunkt der Hypotenuse zusammenfällt, sind A und B als Endpunkte eines beliebigen Durchmessers bestimmt.

C liegt
1. auf dem Umkreis,
2. auf dem freien Schenkel des an [AB] in A angetragenen Winkels α mit $\alpha = 35°$.

4. Konstruktion:

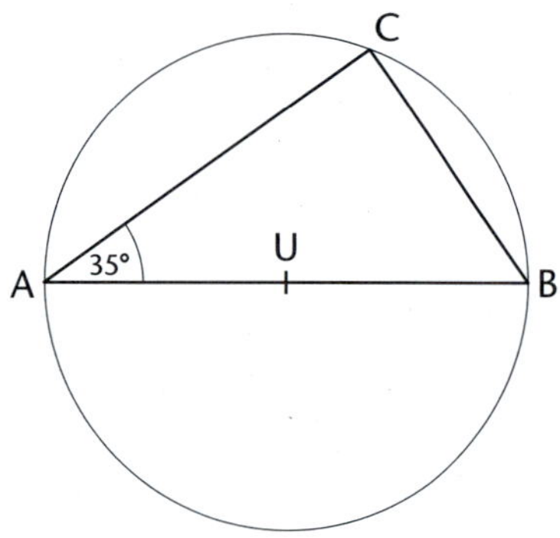

22 Konstruiere ein rechtwinkliges Dreieck ($\gamma = 90°$) mit

a) $a = 5$ cm, Umkreisradius $r = 3{,}8$ cm;
b) $\beta = 42°$, Umkreisradius $r = 4{,}2$ cm.

3.6 Dreieckskonstruktionen unter Verwendung mehrerer Dreieckstransversalen

Höhen, Seitenhalbierende, Winkelhalbierende und Mittelsenkrechte im Dreieck fasst man unter dem Begriff **Dreieckstransversalen** zusammen.
Bei den bisherigen Aufgaben war unter den gegebenen Größen stets nur eine Dreieckstransversale. Anders ist das im folgenden Beispiel. Hier befinden sich unter den drei gegebenen Größen gleich zwei Dreieckstransversalen. Bei derartigen Aufgaben gibt es sehr oft zwei oder sogar noch mehr Lösungen. Du musst also darauf achten, dass dir keines der verschiedenen Dreiecke entgeht, das sich aus den gegebenen Größen konstruieren lässt.

Fast immer muss man bei solchen Aufgaben erst ein **Teildreieck** suchen, das sich nach einer der vier Grundkonstruktionen konstruieren lässt. Aus diesem Teildreieck heraus kann man dann den oder die noch fehlenden Dreieckspunkte ermitteln.

Die **Aufgabenstellung** unseres Beispiels lautet:

Konstruiere ein Dreieck mit
$a = 5$ cm, $h_c = 3$ cm und $s_c = 3{,}5$ cm.

Schon bei der **Planfigur** erkennt man, dass bei der Konstruktion zwei Fälle zu unterscheiden sind:

1. Fall:
Der Fußpunkt D der Höhe h_c liegt links vom Mittelpunkt M_c der Seite c, also zwischen A und M_c („Teildreieck DM_cC").

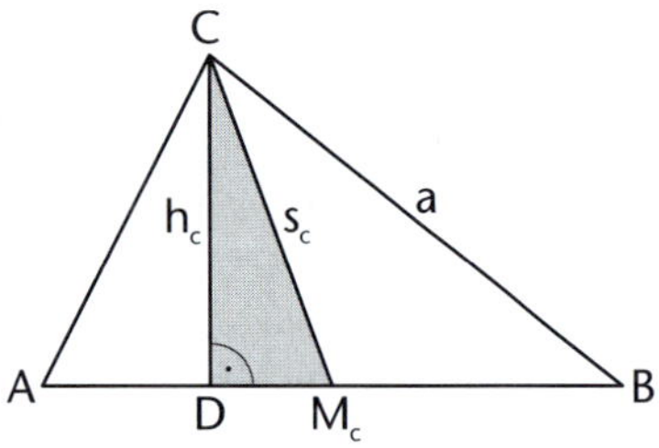

2. Fall:
Der Fußpunkt D der Höhe h_c liegt rechts vom Mittelpunkt M_c der Seite c, also zwischen M_c und B („Teildreieck M_cDC").

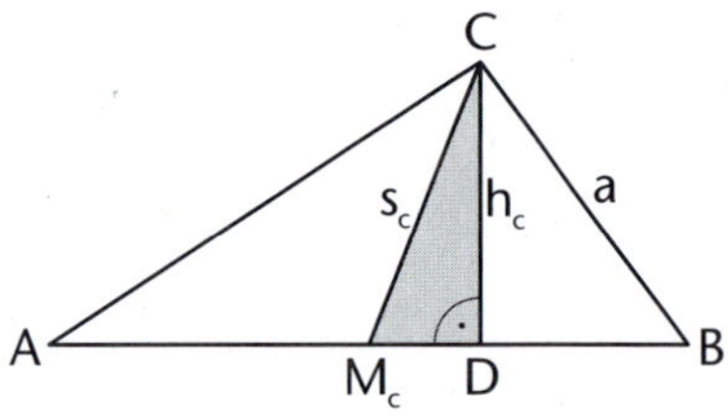

Zwar sind die in den beiden Fällen auftretenden Teildreiecke DM_cC bzw. M_cDC deckungsgleich, sie haben aber entgegengesetzten Umlaufsinn. Und das wirkt sich auf die weitere Konstruktion aus. Der Konstruktionsplan ist zwar in beiden Fällen gleich, die Konstruktion selbst aber führt auf zwei nicht deckungsgleiche Dreiecke.

Konstruktionsplan:

Das bei D rechtwinklige Teildreieck DM_cC bzw. M_cDC lässt sich nach der vierten Grundkonstruktion SsW (beginnend mit h_c) oder über den Thaleskreis (beginnend mit s_c) konstruieren.

Konstruktion:
1. Fall:

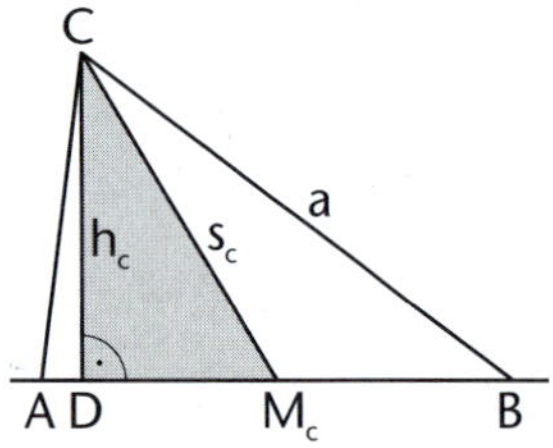

B liegt
1. auf der Geraden DM_c,
2. auf dem Kreis um C mit Radius a = 5 cm.

A liegt
1. auf der Geraden DM_c,
2. auf dem Kreis um M_c mit Radius M_cB.

2. Fall:

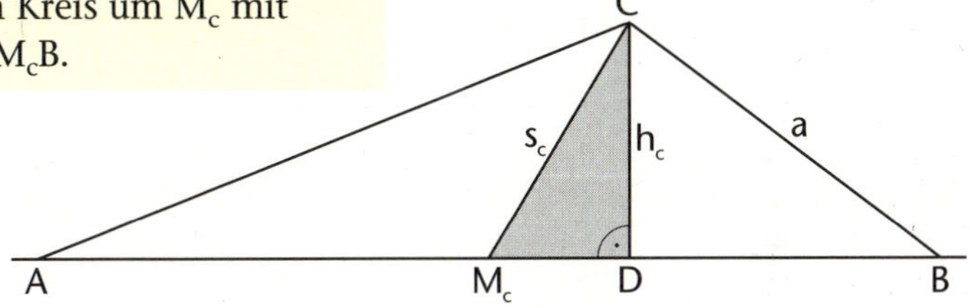

23 Konstruiere ebenso ein Dreieck aus

a) b = 5,5 cm, h_a = 4 cm, s_a = 4,2 cm;
b) c = 6 cm, h_b = 3,8 cm, s_b = 4,1 cm.

Manchmal zeigt sich erst bei der Konstruktion, dass, anders als in der Planfigur angenommen, die gegebene Höhe außerhalb des zu konstruierenden Dreiecks verläuft.

1. Aufgabenstellung:

Konstruiere ein Dreieck mit $\alpha = 40°$, w_α = 4,5 cm, h_a = 4 cm.

2. Planfiguren:

1. Fall:

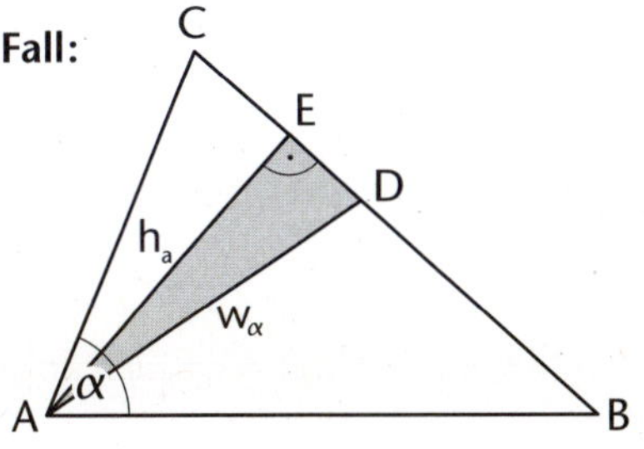

2. Fall:

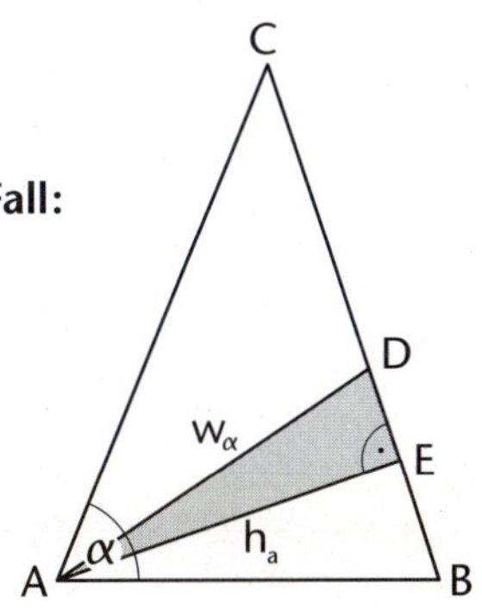

3. Konstruktionsplan:

Das bei E rechtwinklige Teildreieck ADE bzw. AED lässt sich nach der vierten Grundkonstruktion SsW (beginnend mit h_a) oder mit dem Thaleskreis (beginnend mit w_α) konstruieren.

B und C liegen
1. auf der Geraden ED,
2. auf den freien Schenkeln der an [AD] in A nach beiden Seiten angetragenen Winkel der Größe $\frac{\alpha}{2} = 20$.

4. Konstruktion:

1. Fall:

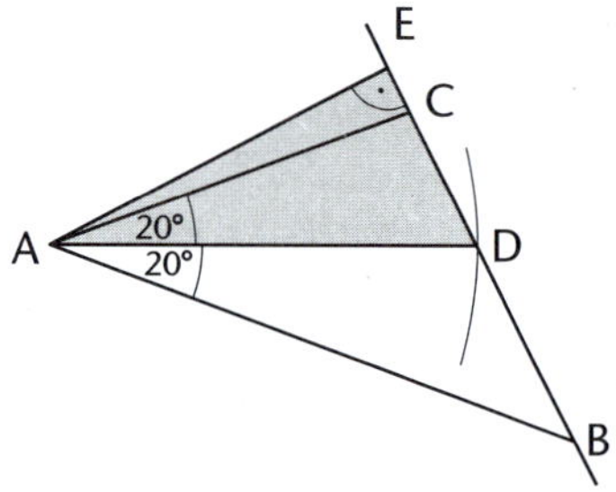

Zwar sind die beiden so erhaltenen Dreiecke deckungsgleich, weil sie jedoch nicht in den Bezeichnungen der einzelnen Punkte bzw. Seiten übereinstimmen, wollen wir sie als zwei unterschiedliche Lösungen auffassen.

2. Fall:

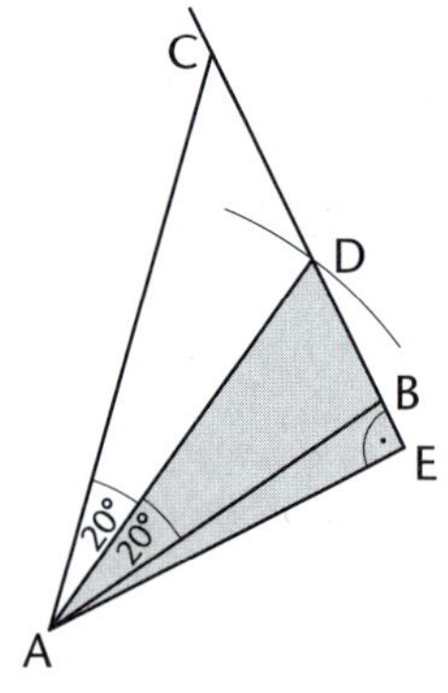

24 Konstruiere ebenso ein Dreieck aus

a) $\beta = 56°$, $w_\beta = 6$ cm, $h_b = 5$ cm;
b) $\gamma = 88°$, $w_\gamma = 3{,}6$ cm, $h_c = 3{,}2$ cm.

Auch aus zwei Dreieckshöhen und einem Winkel lässt sich ein Dreieck konstruieren.

1. Aufgabenstellung:

Konstruiert werden soll ein Dreieck aus $h_a = 5$ cm, $h_c = 4$ cm, $\beta = 50°$.

2. Planfigur:

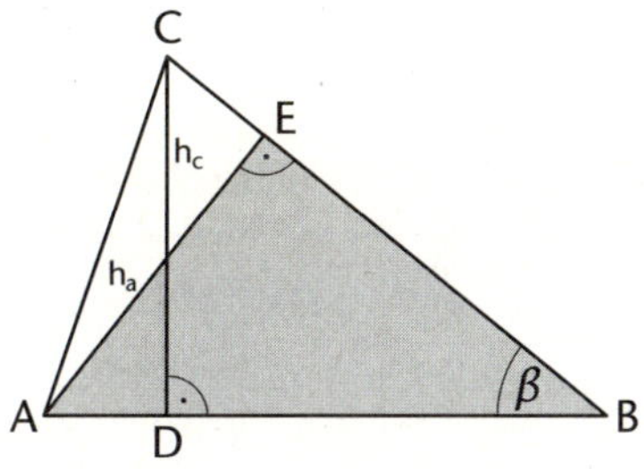

3. Konstruktionsplan:

Das bei E rechtwinklige Teildreieck ABE lässt sich nach der dritten Grundkonstruktion SWW konstruieren.

C liegt

1. auf der Verlängerung der Strecke [BE] über E hinaus,
2. auf der Parallelen zur Geraden AB im Abstand $h_c = 4$ cm.

4. Konstruktion:

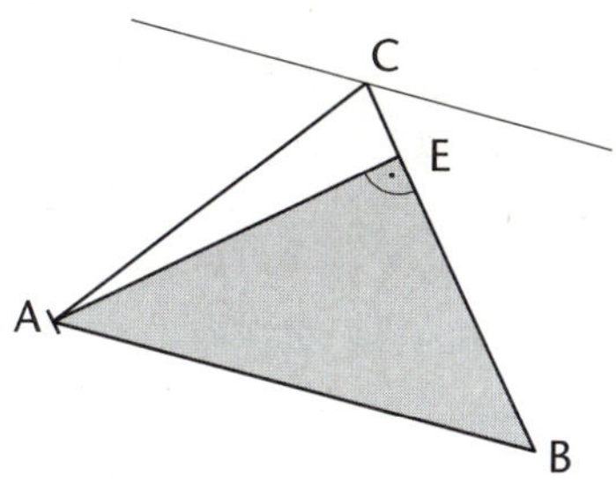

25 Konstruiere ebenso Dreiecke mit

a) $h_b = 4{,}5$ cm, $h_c = 5{,}5$ cm, $\alpha = 65°$;
b) $h_a = 3{,}8$ cm, $h_b = 3{,}5$ cm, $\gamma = 55°$.

Schließlich fehlt uns auch noch ein Beispiel, bei dem eine Dreieckstransversale zusammen mit dem Umkreisradius r auftritt.

1. Aufgabenstellung:

Konstruiere ein Dreieck aus $a = 4$ cm, $h_c = 3{,}5$ cm und dem Umkreisradius $r = 3$ cm.

2. Planfigur:

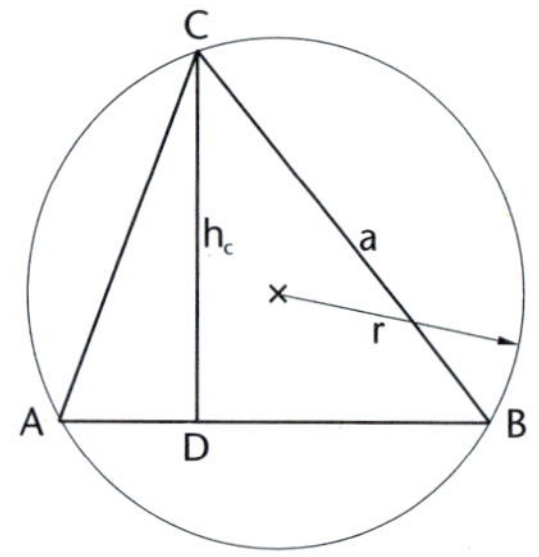

3. Konstruktionsplan:

Umkreis mit $r = 3$ cm zeichnen. Der Punkt B kann auf dem Umkreis frei gewählt werden.

C liegt
1. auf dem Umkreis,
2. auf dem Kreis um B mit Radius $a = 4$ cm.

D liegt
1. auf dem Thaleskreis über der Strecke [BC],
2. auf dem Kreis um C mit Radius $h_c = 3{,}5$ cm.

Die beiden Kreise schneiden sich zweimal, und zwar im Punkt D und im Punkt D′. Bei der Fortsetzung der Konstruktion müssen wir daher zwei Fälle unterscheiden. Beim 1. Fall gehen wir vom Punkt D aus, beim 2. Fall vom Punkt D′.

4. Konstruktion:

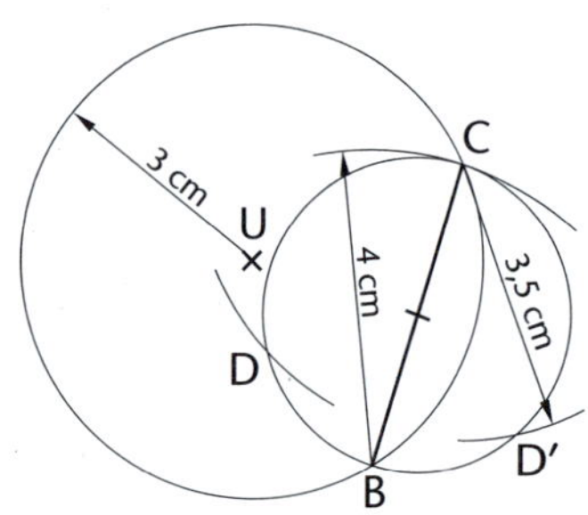

1. Fall:

A liegt
1. auf dem Umkreis,
2. auf der Verlängerung der Strecke [BD] über D hinaus.

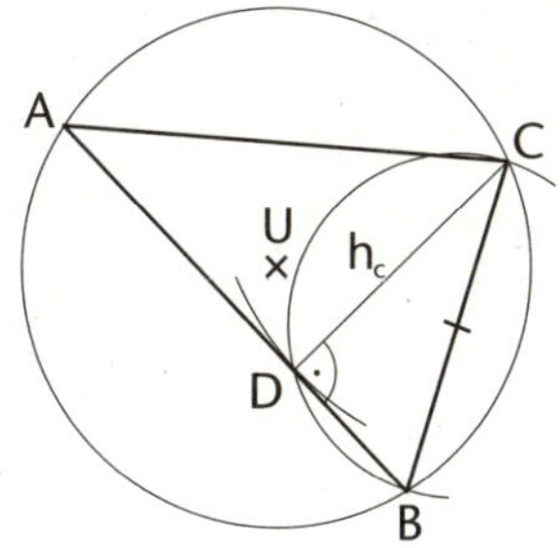

2. Fall:

A′ liegt
1. auf dem Umkreis,
2. auf der Verlängerung der Strecke [D′B] über B hinaus.

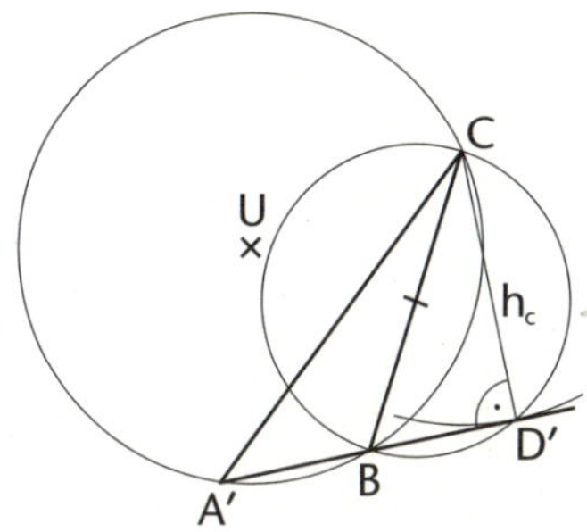

26 Konstruiere ebenso Dreiecke mit dem Umkreisradius $r = 3$ cm und

a) $c = 4{,}2$ cm, $h_a = 3{,}6$ cm;
b) $a = 5$ cm, $h_b = 4$ cm.

Und zu guter Letzt noch ein Beispiel, bei dem unter den drei gegebenen Stücken weder eine der drei Dreiecksseiten noch einer der drei Dreieckswinkel auftaucht.

1. Aufgabenstellung:

Konstruiere ein Dreieck aus $h_a = 3$ cm, $s_a = 3{,}5$ cm und dem Umkreisradius $r = 3$ cm.

2. Planfiguren:

1. Fall:

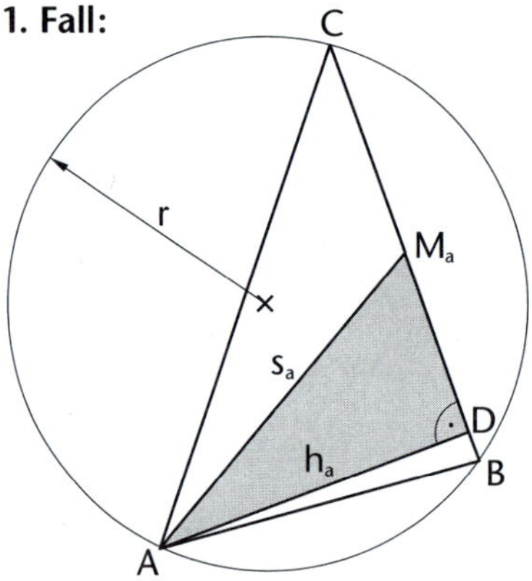

2. Fall:

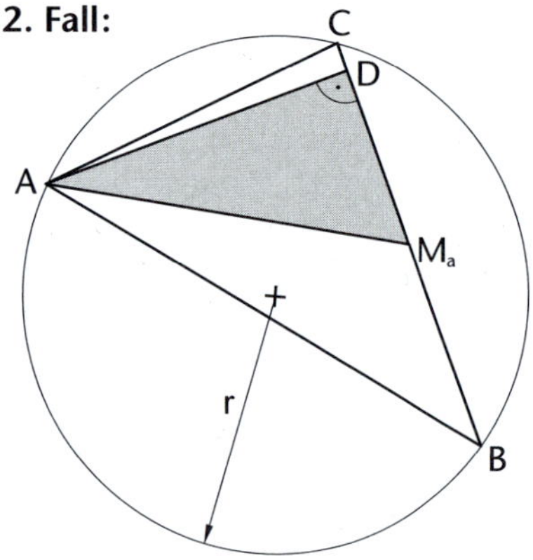

3. Konstruktionsplan:

Das beim Punkt D rechtwinklige Teildreieck AM_aD bzw. ADM_a lässt sich nach der vierten Grundkonstruktion SsW (beginnend mit h_a) oder mit dem Thaleskreis (beginnend mit s_a) konstruieren.

4. Konstruktion:

1. Fall:

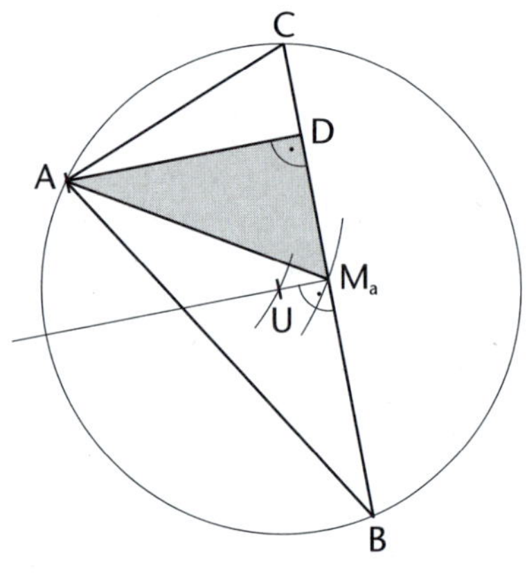

Der Umkreismittelpunkt U liegt
1. auf dem Kreis um A mit Radius r = 3 cm,
2. auf der Senkrechten zur Geraden M_aD im Punkt M_a („zukünftige Mittelsenkrechte der Dreieckseite a").

B und C liegen
1. auf dem Kreis um U mit Radius r = 3 cm (Umkreis),
2. auf der Geraden M_aD.

2. Fall:

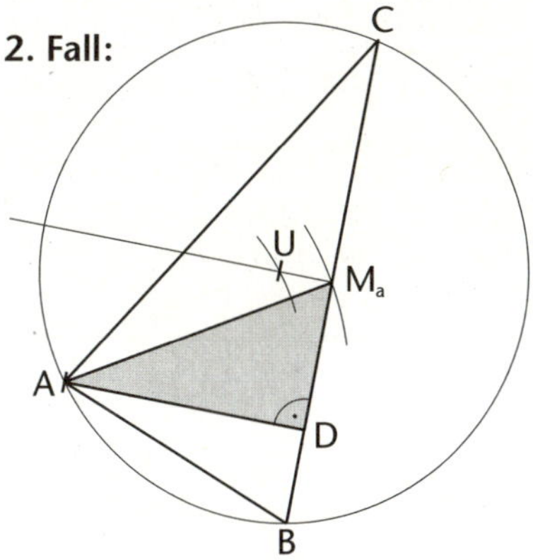

27 Konstruiere ebenso ein Dreieck mit dem Umkreisradius r = 4 cm und

a) $h_b = 5$ cm, $s_b = 5{,}5$ cm;
b) $h_c = 2{,}6$ cm, $s_c = 3{,}2$ cm.

Während sich jede der bisherigen Aufgaben dieses Abschnitts eng an das davor stehende Beispiel anschloss, geht es in den nun folgenden Aufgaben bunt durcheinander. Einige der Teilaufgaben lehnen sich mehr oder weniger stark an eines der vorgeführten Beispiele an. Andere dagegen stellen dich vor ganz neue Probleme. Du wirst sie lösen, wenn du nach dem bewährten Rezept vorgehst:

- *Zeichne eine übersichtliche **Planfigur** mit den gegebenen Stücken.*
- *Triff bereits in der Planfigur eventuell erforderliche **Fallunterscheidungen.***
- *Suche ein **Teildreieck,** das sich mithilfe einer der vier Grundkonstruktionen konstruieren lässt.*
- *Konstruiere aus diesem Teildreieck heraus die noch fehlenden Punkte des gesuchten Dreiecks.*

28 Konstruiere ein Dreieck aus

a) $a = 5$ cm, $c = 4{,}5$ cm, $h_a = 3{,}5$ cm;
b) $a = 5$ cm, $b = 3$ cm, $s_a = 2{,}5$ cm;
c) $h_a = 6$ cm, $\alpha = 36°$, $\beta = 70°$;

d) $c = 7{,}5$ cm, $h_b = 7$ cm, $\gamma = 56°$;
e) $h_a = 4$ cm, $s_b = 5$ cm, $\gamma = 40°$;
f) $a = 4$ cm, $b = 3{,}7$ cm, $h_a = 2{,}8$ cm;
g) $r = 4$ cm, $h_a = 5$ cm, $s_a = 5{,}5$ cm;
h) $r = 4$ cm, $a = 7$ cm, $h_a = 5$ cm;
i) $w_\gamma = 4$ cm, $\beta = 45°$, $\gamma = 76°$;
k) $r = 5$ cm, $a = 8{,}5$ cm, $c = 8$ cm;
l) $h_b = 6$ cm, $h_c = 4{,}4$ cm, $\alpha = 60°$;
m) $a = 5$ cm, $h_a = 3{,}5$ cm, $s_a = 5$ cm;
n) $c = 8$ cm, $h_b = 6$ cm, $h_c = 5$ cm;
o) $a = 4{,}5$ cm, $h_c = 4$ cm, $s_a = 3{,}5$ cm;
p) $h_b = 6$ cm, $s_a = 5$ cm, $\gamma = 70°$;
q) $r = 5$ cm, $a = 9$ cm, $\beta = 52{,}5°$;
r) $r = 5$ cm, $a = 8{,}5$ cm, $h_a = 4$ cm;
s) $w_\alpha = 6$ cm, $\alpha = 48°$, $\beta = 60°$;
t) $r = 5$ cm, $b = 7$ cm, $s_b = 7$ cm;
u) $c = 7{,}2$ cm, $h_a = 6{,}9$ cm, $\gamma = 52°$;
v) $h_c = 4$ cm, $s_a = 4{,}5$ cm, $\beta = 60°$;
w) $b = 6$ cm, $h_a = 5$ cm, $\alpha = 20°$;
x) $c = 8$ cm, $h_c = 4$ cm, $s_c = 5$ cm;
y) $a = 6$ cm, $h_b = 4$ cm, $h_c = 5{,}5$ cm;
z) $r = 5$ cm, $\alpha = 60°$, $\gamma = 90°$;
z_1) $c = 6$ cm, $h_a = 4$ cm, $w_\beta = 5{,}5$ cm;
z_2) $a = 8{,}3$ cm, $h_c = 3{,}7$ cm, $\alpha = 114°$.

29 Konstruiere ein gleichschenkliges Dreieck mit der Basis c aus

a) $h_a = 6$ cm, $\beta = 47°$;
b) $a = 9$ cm, $h_a = 2{,}5$ cm;
c) $b = 5{,}5$ cm, $s_b = 6$ cm;
d) $a = 5$ cm, $r = 4$ cm;
e) $h_c = 4{,}5$ cm, $\gamma = 32°$;
f) $w_\alpha = 4{,}8$ cm, $\beta = 38°$.

30 Konstruiere ein rechtwinkliges Dreieck ($\gamma = 90°$) mit

a) $h_c = 3$ cm, $\beta = 46°$;
b) $b = 4$ cm, $s_a = 5$ cm;
c) $b = 5$ cm, $w_\alpha = 6$ cm;
d) $c = 8$ cm, $h_c = 3$ cm;
e) $a = 6{,}8$ cm, $h_c = 4{,}2$ cm;
f) $h_c = 4$ cm, $w_\gamma = 4{,}5$ cm.

Kapitel 4

Dreieckskonstruktionen II

Bei den bisher behandelten Dreieckskonstruktionen sind wir ohne tiefer gehende Kenntnisse der Kreislehre ausgekommen. Für die Dreieckskonstruktionen, die in diesem Kapitel behandelt werden, sind diese jedoch notwendig. Man muss beispielsweise über Kreistangenten und ihre Konstruktion Bescheid wissen und den Umfangswinkelsatz kennen und anwenden können. Das Wichtigste darüber werden wir an den entsprechenden Stellen wiederholen und auffrischen.

4.1 Dreieckskonstruktionen unter Verwendung des Inkreises

Bereits auf Seite 55 sind wir dem Inkreis des Dreiecks begegnet, ohne ihn jedoch für Konstruktionen heranzuziehen. Falls ihr inzwischen im Unterricht die Kreistangenten behandelt habt, können wir das jetzt nachholen. Grund genug, uns noch einmal das Wichtigste über den Inkreis eines Dreiecks ins Gedächtnis zu rufen:

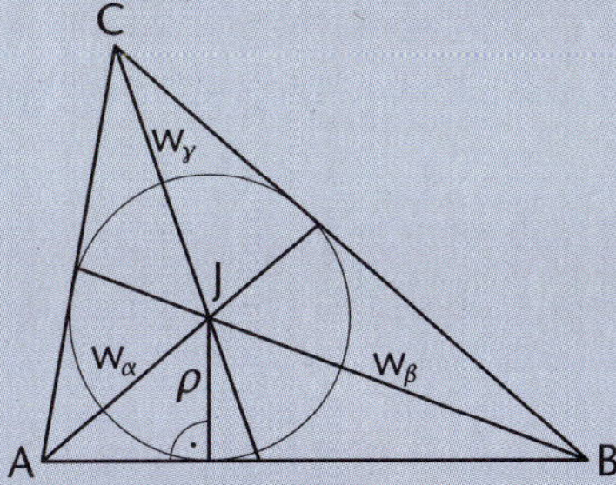

Die drei Winkelhalbierenden w_α, w_β und w_γ eines jeden Dreiecks schneiden sich in einem Punkt. Dieser Punkt ist gleich weit von den drei Seiten des Dreiecks entfernt. Mit ihm als Mittelpunkt lässt sich daher ein Kreis zeichnen, der alle Seiten berührt. Er heißt ***Inkreis*** *des Dreiecks. Seinen Mittelpunkt bezeichnet man üblicherweise mit I, seinen Radius mit dem griechischen Buchstaben ρ („rho"). Man erhält den* ***Inkreisradius*** *ρ, wenn man vom Inkreismittelpunkt I das Lot auf eine der Dreiecksseiten fällt.*

4 Dreieckskonstruktionen II

Wir wenden uns nun solchen Aufgaben zu, bei denen der Radius ρ des Inkreises gegeben ist. Da die Dreiecksseiten Tangenten an den Inkreis sind, laufen derartige Aufgaben in der Regel auf eine Tangentenkonstruktion hinaus. Also müssen wir zunächst unsere Kenntnisse über Tangenten und ihre Konstruktion auffrischen.

Grundlage einer jeden Tangentenkonstruktion ist die Tatsache, dass die Tangente senkrecht auf dem vom Kreismittelpunkt M zum Berührpunkt B gezogenen Radius („Berührradius") steht.

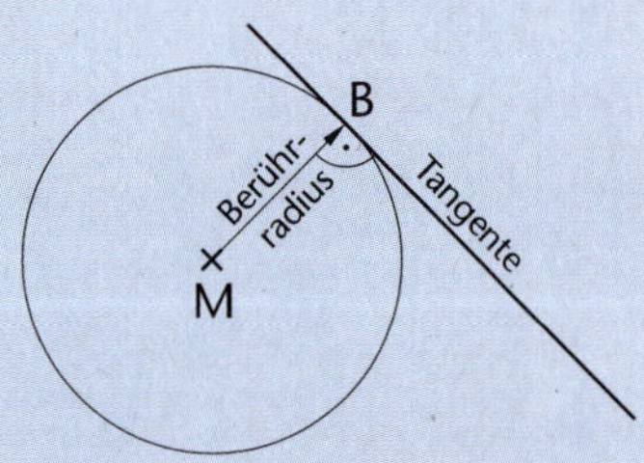

Verbindet man also den Kreismittelpunkt M mit einem beliebigen Punkt P der Tangente, dann erhält man das beim Berührpunkt B rechtwinklige Dreieck MPB mit der Hypotenuse [MP] und den Katheten [MB] und [PB].

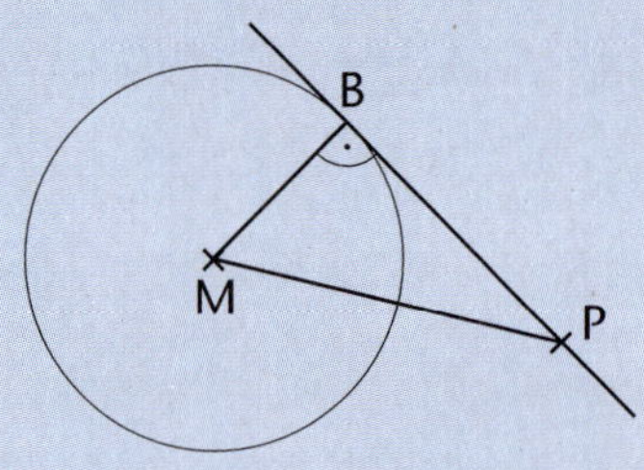

Nach dem Satz des Thales liegt der Berührpunkt B auf dem Kreis, der die Strecke [MP] als Durchmesser hat („Thaleskreis über der Strecke [MP]").

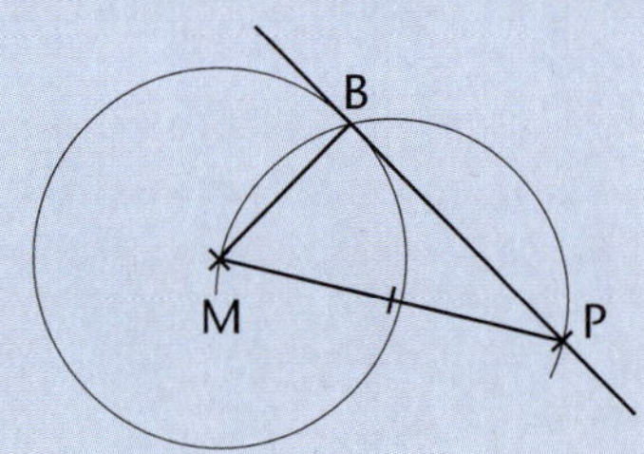

Auf diesen Überlegungen beruhen die folgenden drei Grundkonstruktionen für Tangenten.

Erste Grundkonstruktion:
Gegeben sind ein Kreis und ein Punkt P auf der Kreislinie. Konstruiert werden soll diejenige Tangente, die den Kreis im Punkt P berührt.

Die Konstruktion erfolgt schrittweise so:

1. Schritt:

Wir verbinden den Punkt P mit dem Kreismittelpunkt M.

2. Schritt:

Wir konstruieren die Senkrechte zur Strecke [MP] durch den Punkt P. Diese ist die gesuchte Tangente.

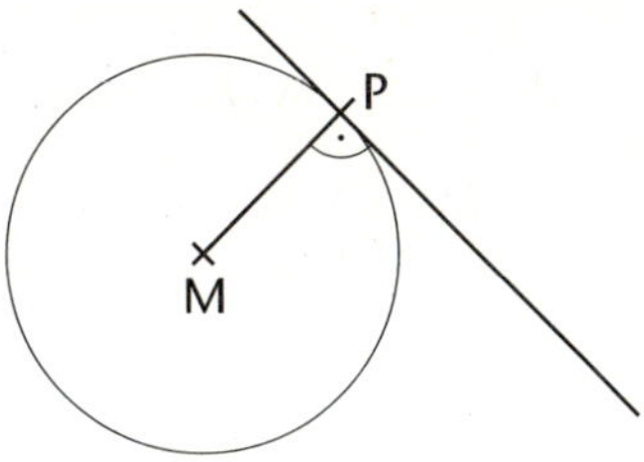

Zweite Grundkonstruktion:
Gegeben sind ein Kreis und ein Punkt P außerhalb des Kreises. Konstruiert werden soll diejenige Tangente, die durch den Punkt P verläuft.

Häufig wird diese Konstruktionsaufgabe auch so formuliert:
„Von einem Punkt P außerhalb eines Kreises soll die Tangente an diesen Kreis gelegt werden."

Die Konstruktion erfolgt schrittweise so:

1. Schritt:

Wir verbinden den Punkt P mit dem Kreismittelpunkt M.

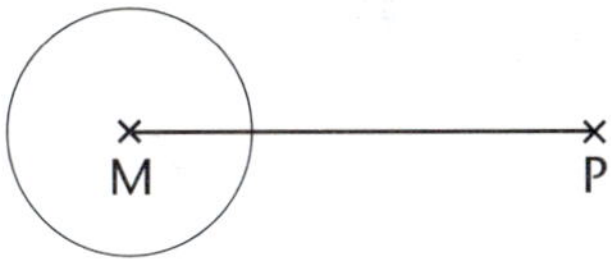

2. Schritt:

Wir konstruieren über der Strecke [MP] den Thaleskreis. Dieser schneidet den gegebenen Kreis in den Punkten B_1 und B_2.

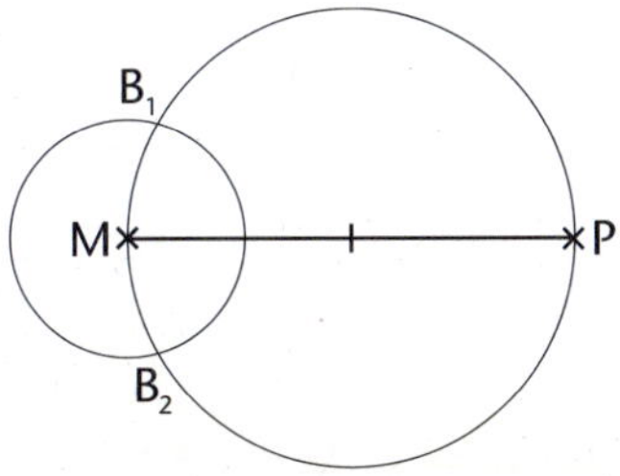

3. Schritt:

Wir verbinden P mit B_1 bzw. B_2. Die beiden Geraden PB_1 und PB_2 sind die gesuchten Tangenten.

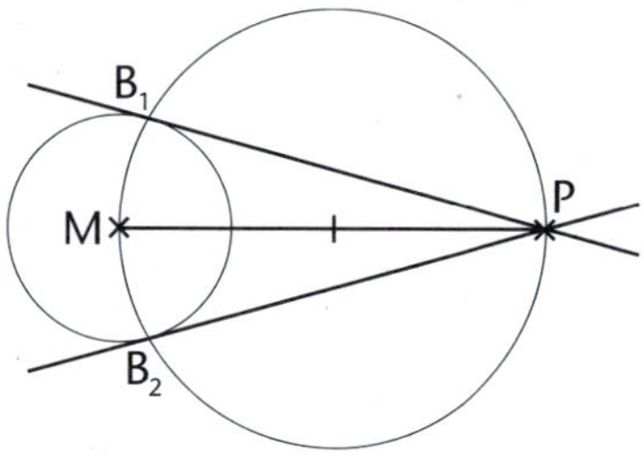

Dritte Grundkonstruktion:
Gegeben ist ein Winkel α mit $0° < \alpha < 180°$. Konstruiert werden soll ein Kreis mit vorgegebenem Radius r, der die beiden Schenkel des Winkels berührt.

Die Konstruktion erfolgt schrittweise so:

1. Schritt:

Da der Mittelpunkt des gesuchten Kreises gleich weit von den beiden Schenkeln entfernt sein muss, liegt er auf der Winkelhalbierenden des gegebenen Winkels. Wir konstruieren also die Winkelhalbierende des gegebenen Winkels.

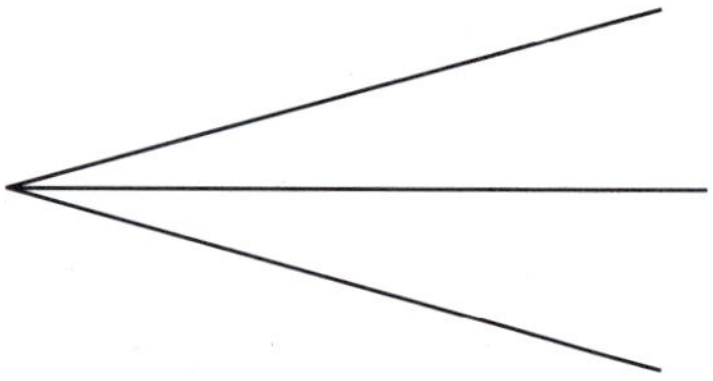

2. Schritt:

Da der Kreis den Radius r haben soll, muss sein Mittelpunkt von den beiden Schenkeln den Abstand r haben. Er muss also auf den Parallelen zu den Schenkeln des gegebenen Winkels im Abstand r liegen. Es genügt, die Parallele zu einem der beiden Schenkel zu konstruieren. Der

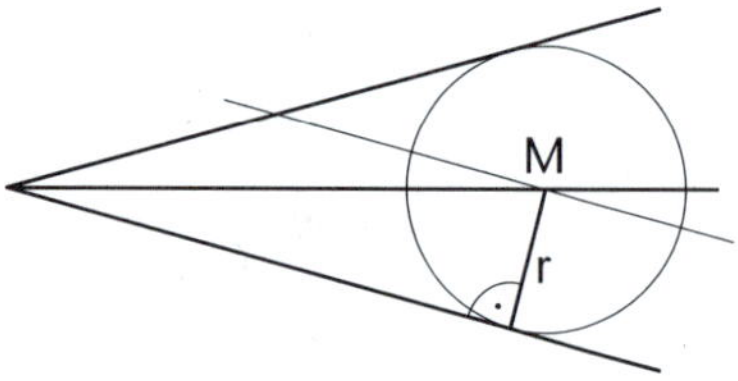

Schnittpunkt dieser Parallelen mit der Winkelhalbierenden ist der Mittelpunkt M des gesuchten Kreises.

Man kann auf die Konstruktion der Winkelhalbierenden verzichten, wenn man beide Parallelen konstruiert. Ihr Schnittpunkt ist der Mittelpunkt des gesuchten Kreises.

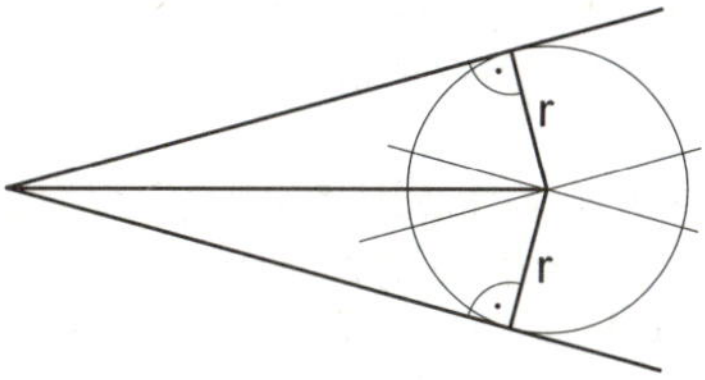

Nachdem wir uns die drei Grundkonstruktionen wieder ins Gedächtnis gerufen haben, können wir uns an Konstruktionsaufgaben heranwagen, bei denen eine der gegebenen Größen der Inkreisradius ρ ist.

1. Aufgabenstellung:

Konstruiere ein Dreieck mit $c = 7$ cm, $\alpha = 60°$ und dem Inkreisradius $\rho = 1{,}5$ cm.

2. Planfigur:

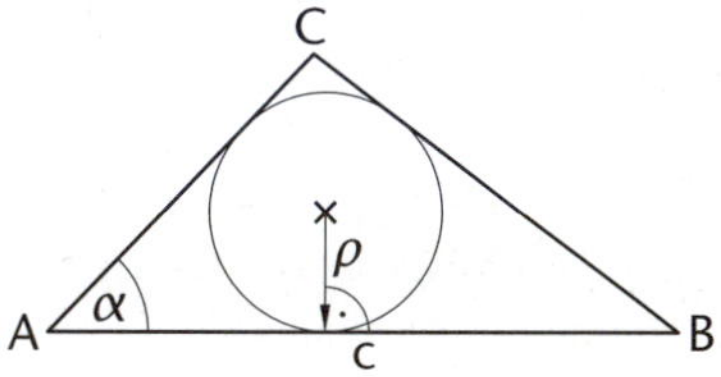

3. Konstruktionsplan:

A und B sind als Endpunkte der Strecke c = 7 cm festgelegt.

Der Mittelpunkt I des Inkreises liegt
1. auf der Winkelhalbierenden des an [AB] im Punkt A angetragenen Winkels α mit $\alpha = 60°$,
2. auf der Parallelen zu [AB] im Abstand des Inkreisradius $\rho = 1{,}5$ cm.

Der Punkt C liegt
1. auf dem freien Schenkel des Winkels α,
2. auf der zweiten Tangente, die von B aus an den Inkreis konstruiert werden kann.

4. Konstruktion:

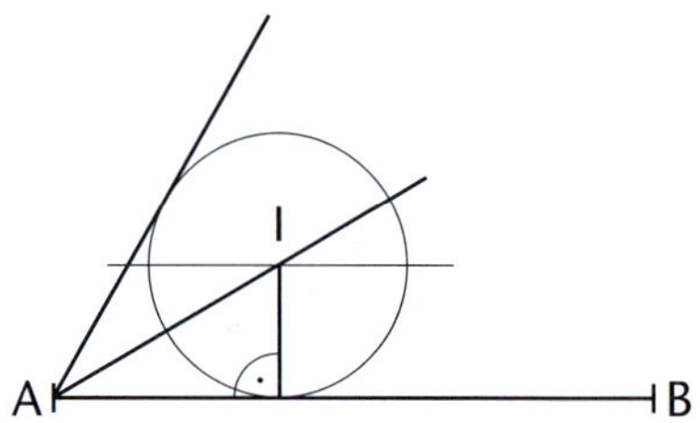

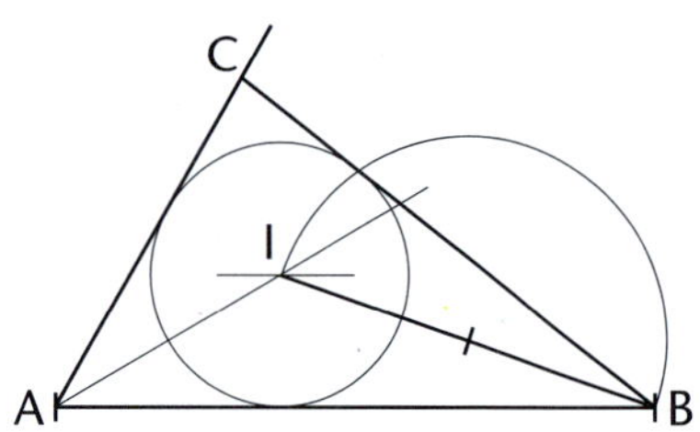

31 Konstruiere ebenso Dreiecke mit

a) $c = 8$ cm, $\beta = 50°$, $\rho = 2$ cm;
b) $a = 6$ cm, $\beta = 35°$, $\rho = 1{,}5$ cm;
c) $b = 8{,}5$ cm, $\gamma = 90°$, $\rho = 2{,}5$ cm;
d) $a = 6{,}5$ cm, $\gamma = 125°$, $\rho = 1{,}5$ cm.

Unter den gegebenen Größen kann auch eine Dreieckshöhe vorkommen.

1. Aufgabenstellung:

Konstruiere ein Dreieck mit $\beta = 50°$, $h_a = 6$ cm und dem Inkreisradius $\rho = 2$ cm.

2. Planfigur:

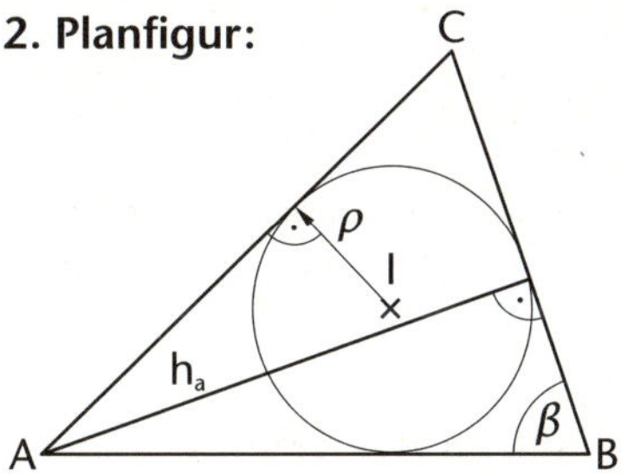

3. Konstruktionsplan:

Winkel β mit Scheitelpunkt B zeichnen.
Der Inkreismittelpunkt I ist der Schnittpunkt der zu den beiden Schenkeln im Abstand des Inkreisradius $\rho = 2$ cm gezogenen Parallelen.

A liegt
1. auf dem entsprechenden Schenkel des Winkels β,
2. auf der Parallelen zum anderen Schenkel des Winkels β im Abstand $h_a = 6$ cm.

C liegt
1. auf der von A aus an den Inkreis gelegten Tangente,
2. auf dem noch freien Schenkel des Winkels β.

4. Konstruktion:

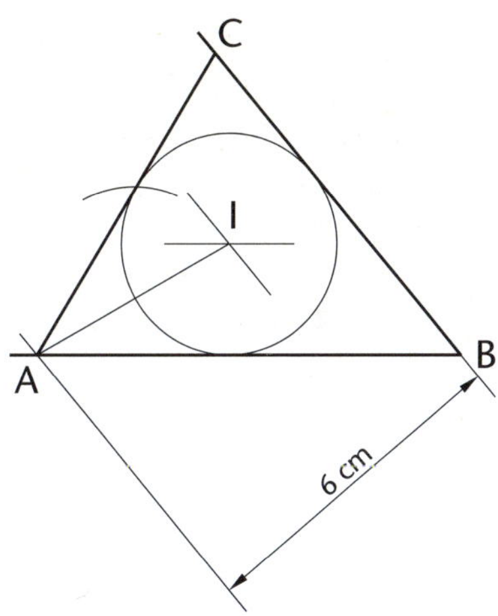

32 Konstruiere ebenso Dreiecke mit

a) $\beta = 40°$, $h_c = 5$ cm, $\rho = 1{,}5$ cm; **b)** $\alpha = 60°$, $h_b = 7$ cm, $\rho = 2$ cm.

4 Dreieckskonstruktionen II

Manchmal muss man bei derartigen Aufgaben zunächst ein Hilfsdreieck konstruieren wie im folgenden Beispiel.

1. Aufgabenstellung:

Konstruiere ein Dreieck mit $\alpha = 70°$, $\beta = 40°$ und dem Inkreisradius $\rho = 2$ cm.

2. Planfigur:

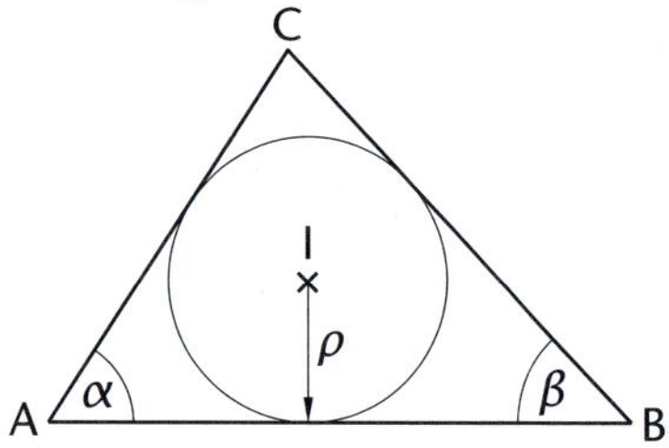

3. Konstruktionsplan:

Beliebiges Dreieck AB′C′ mit $\alpha = 70°$ und $\beta = 40°$ konstruieren.

Der Inkreismittelpunkt I des gesuchten Dreiecks liegt
1. auf der Winkelhalbierenden des Winkels α,
2. auf der Parallelen zu [AB′] im Abstand des Inkreisradius $\rho = 2$ cm.

4. Konstruktion:

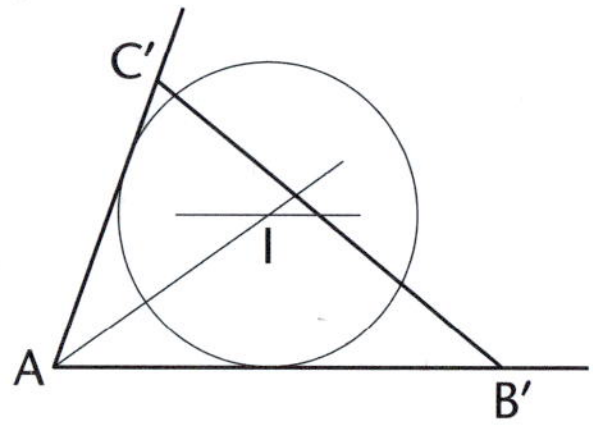

Der Berührpunkt P der gesuchten Dreiecksseite [BC] mit dem Inkreis liegt
1. auf dem Lot vom Inkreismittelpunkt I auf [B′C′],
2. auf dem Inkreis.

Die Parallele zu [B′C′] durch P schneidet die Schenkel des Winkels α in den Punkten B und C.

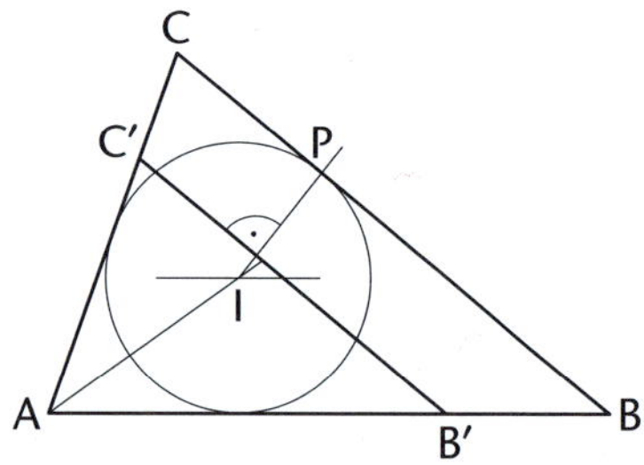

33 Konstruiere ebenso Dreiecke mit

a) $\alpha = 75°$, $\gamma = 50°$, $\rho = 2$ cm; **b)** $\beta = 50°$, $\gamma = 100°$, $\rho = 1{,}5$ cm.

Einfacher lassen sich Aufgaben dieser Art lösen, wenn man sich Folgendes klarmacht:

Die beiden von A aus an den Kreis gelegten Tangenten bilden zusammen mit den beiden Berührradien $[MB_1]$ und $[MB_2]$ das Viereck AB_1MB_2. Weil die Tangenten senkrecht auf den zugehörigen Berührradien stehen, hat dieses Viereck bei B_1 und bei B_2 jeweils einen Winkel von 90°.

Da die Summe der Innenwinkel eines Vierecks 360° beträgt, bleiben für die beiden anderen Winkel nur noch $360° - 2 \cdot 90° = 180°$ übrig. Für den Winkel α zwischen den beiden Tangenten und dem Winkel φ zwischen den beiden Berührradien gilt also:

$\alpha + \varphi = 180°$ *bzw.* $\varphi = 180° - \alpha$.

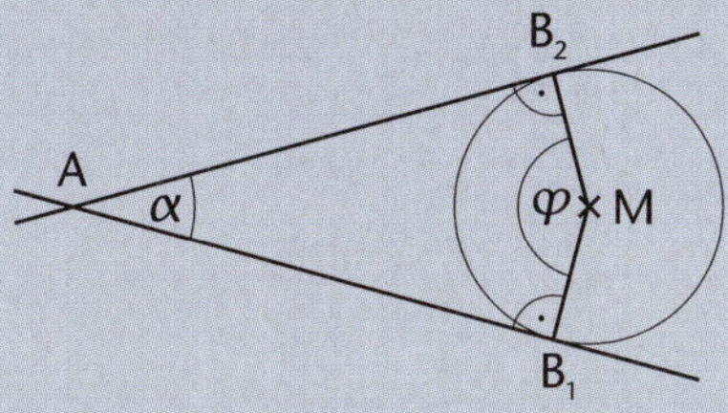

Ein von zwei Kreisradien gebildeter Winkel, dessen Scheitelpunkt mit dem Kreismittelpunkt zusammenfällt, heißt Mittelpunktswinkel. Den Winkel φ können wir also als den zum Tangentenwinkel α gehörenden Mittelpunktswinkel bezeichnen.

1. Aufgabenstellung:

Konstruiere ein Dreieck mit $\alpha = 80°$, $\beta = 50°$ und dem Inkreisradius $\rho = 2$ cm.

2. Planfigur:

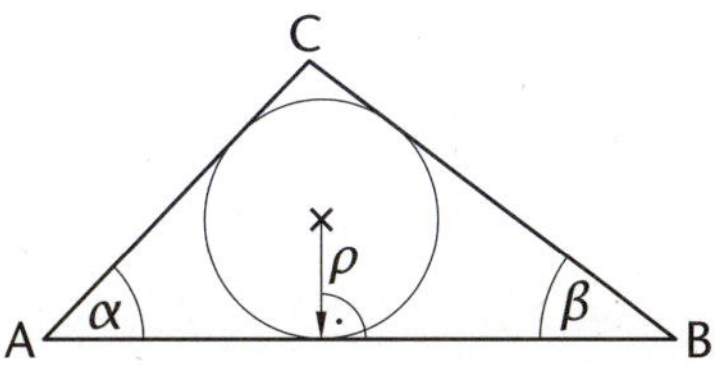

3. Konstruktionsplan:

Inkreis mit $\rho = 2$ cm zeichnen. Den zum Dreieckswinkel α gehörenden Mittelpunktswinkel $\varphi_\alpha = 180° - \alpha = 180° - 80° = 100°$ konstruieren.
Daran entgegen dem Uhrzeigersinn anschließend den zum Dreieckswinkel β gehörenden Mittelpunktswinkel $\varphi_\beta = 180° - \beta = 180° - 50° = 130°$ konstruieren. In den Schnittpunkten der drei Schenkel mit dem Inkreis die Tangente konstruieren. Sie schneiden sich in den Eckpunkten A, B und C des gesuchten Dreiecks.

4. Konstruktion:

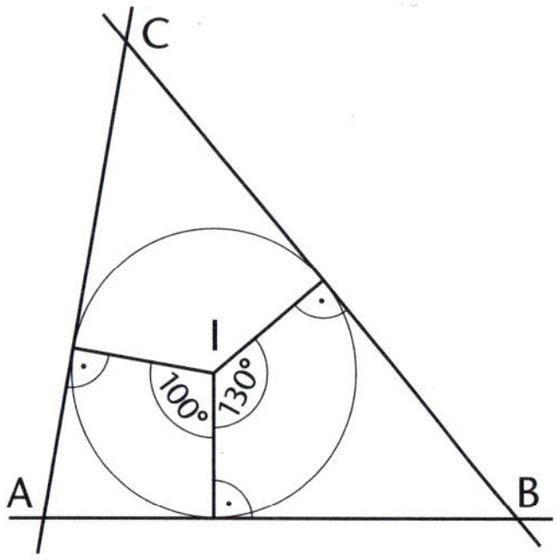

34 Konstruiere die Dreiecke aus der 33. Aufgabe nach dem eben geschilderten Verfahren und vergleiche die Genauigkeit beider Konstruktionsarten.

Manchmal muss man auch bei derartigen Aufgaben zunächst an der Planfigur ein Teildreieck heraussuchen, das sich mithilfe einer der vier Grundkonstruktionen konstruieren lässt.

1. Aufgabenstellung:

Konstruiere ein Dreieck mit $h_b = 6$ cm, $w_\beta = 6{,}5$ cm und dem Inkreisradius $\rho = 2$ cm.

2. Planfigur:

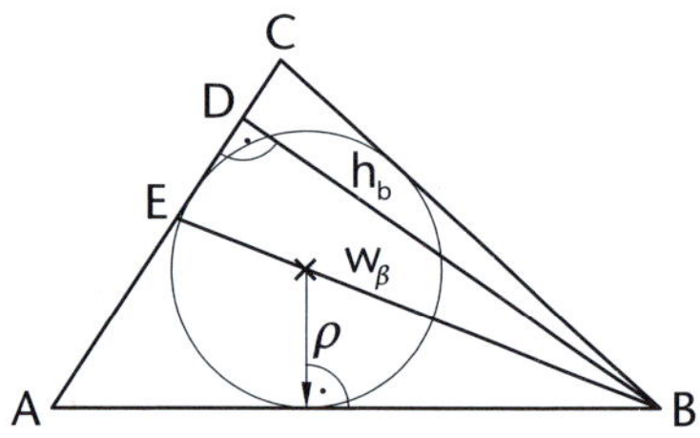

3. Konstruktionsplan:

Das bei D rechtwinklige Teildreieck BDE lässt sich nach der vierten Grundkonstruktion (SsW) konstruieren.

Der Inkreismittelpunkt I liegt
1. auf der Winkelhalbierenden w_β,
2. auf der Parallelen zu [DE] im Abstand des Inkreisradius $\rho = 2$ cm.

A und C liegen
1. auf den von B aus an den Inkreis gelegten Tangenten,
2. auf der Geraden DE.

4. Konstruktion:

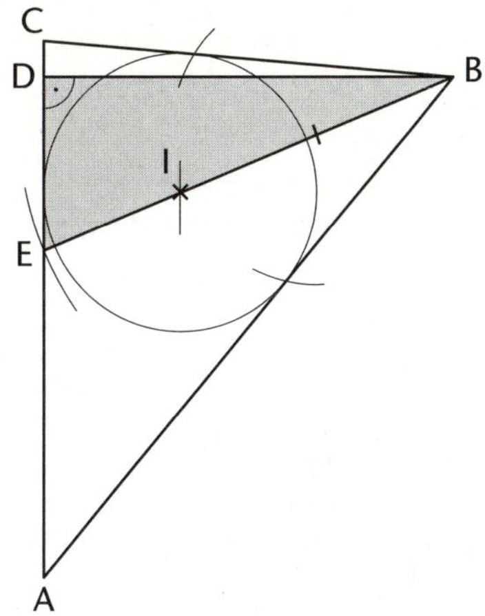

Mit den gegebenen Größen des vorstehenden Beispiels lässt sich noch ein zweites Dreieck konstruieren. Wir sind bereits in der Planfigur davon ausgegangen, dass der Höhenfußpunkt D zwischen E und C liegt. Das ist aber nicht zwingend. Schließlich kann dieser Punkt D ja auch zwischen A und E liegen.

Dieser **2. Fall** sieht folgendermaßen aus:

Planfigur:

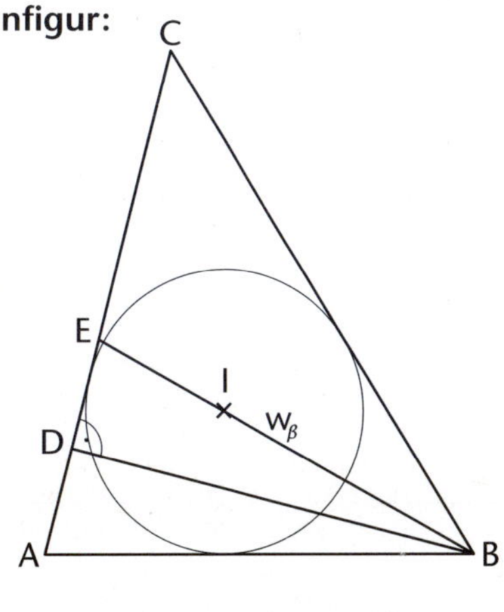

Konstruktion:

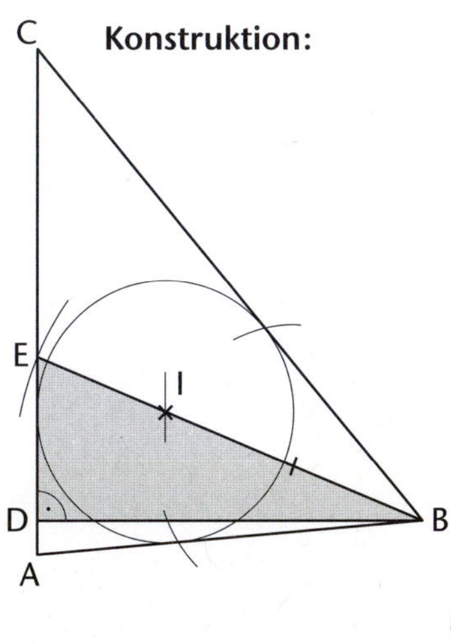

35 Konstruiere Dreiecke mit

a) $h_a = 5{,}5$ cm, $w_\alpha = 6$ cm, $\rho = 2$ cm;
b) $h_c = 5$ cm, $w_\gamma = 6$ cm, $\rho = 1{,}5$ cm.

4.2 Dreieckskonstruktionen unter Verwendung des Umfangswinkelsatzes

Der Versuch, ein Dreieck aus $c = 7$cm, $h_c = 3$ cm und $\gamma = 70°$ mit den bisher behandelten Verfahren zu konstruieren, scheitert schon bald. Zwar sind die Punkte A und B als Endpunkte der Strecke c mit c = 7 cm festgelegt. Und vom Punkt C wissen wir, dass er auf einer Parallelen zu [AB] im Abstand $h_c = 3$ cm liegt. Wo aber ist sein genauer Platz? Wenn $\gamma = 90°$ wäre, dann kämen wir mit dem Thaleskreis weiter. Der Punkt C wäre dann der Schnittpunkt des Thaleskreises mit der Parallelen.

So etwas wie den Thaleskreis gibt es nicht nur für Winkel von 90°, sondern für jeden beliebigen Winkel. Dabei hilft uns der Umfangswinkelsatz weiter.

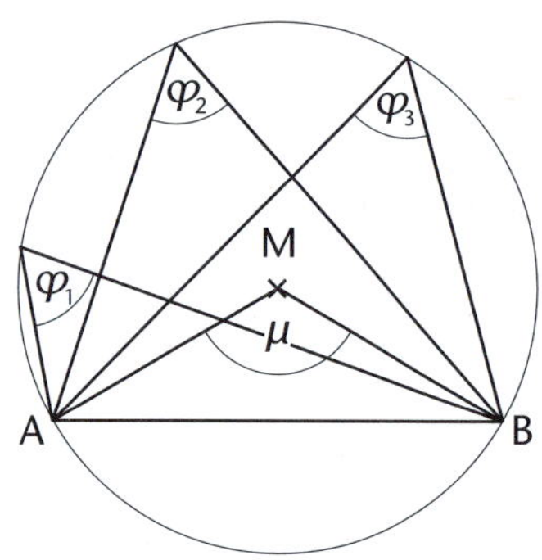

In der nebenstehenden Figur ist [AB] eine Sehne des Kreises. Die Winkel, die man erhält, wenn man die Punkte A und B mit einem beliebigen Punkt der Kreislinie verbindet, heißen **Umfangswinkel.** Die eingezeichneten Winkel φ_1, φ_2 und φ_3 sind Umfangswinkel.

Der Winkel, den man erhält, wenn man die Punkte A und B mit dem Mittelpunkt M des Kreises verbindet, heißt **Mittelpunktswinkel.** Der eingezeichnete Winkel μ („mü") ist ein Mittelpunktswinkel.

Der **Umfangswinkelsatz** besagt:

- *Alle Umfangswinkel auf derselben Seite einer Sehne sind gleich groß.*
- *Der Mittelpunktswinkel ist doppelt so groß wie die zugehörigen Umfangswinkel.*

In unserem Fall gilt also:

1. $\varphi_1 = \varphi_2 = \varphi_3 = \varphi$,
2. $\mu \;\; = 2 \cdot \varphi$.

Den von A im Uhrzeigersinn nach B verlaufenden Kreisbogen bezeichnet man häufig auch als **Fasskreisbogen** über der Strecke [AB] zum Winkel φ.

Konstruiert werden soll der Fasskreisbogen über der Strecke [AB] mit $\overline{AB} = 6$ cm zum Winkel $\varphi = 70°$.

1. Schritt:

Wir konstruieren ein gleichschenkliges Dreieck ABM mit der gegebenen Strecke [AB] als Basis, dessen Schenkel einen Winkel von $2 \cdot \varphi = 2 \cdot 70° = 140°$ bilden.

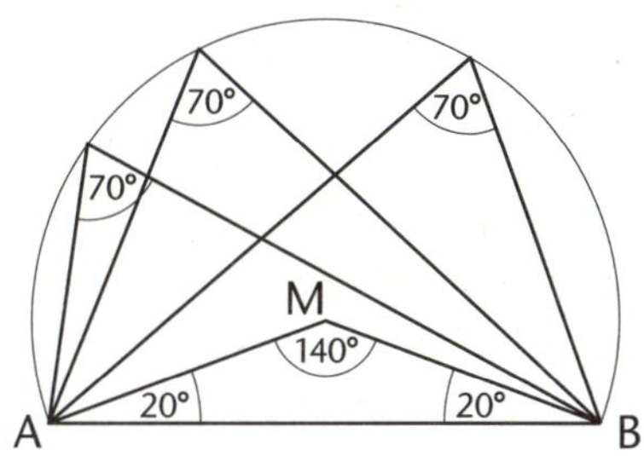

2. Schritt:

Wir schlagen um M einen Kreis mit dem Radius $r = \overline{AM}$. Der Kreisbogen oberhalb der Strecke [AB] ist der gesuchte Fasskreisbogen.

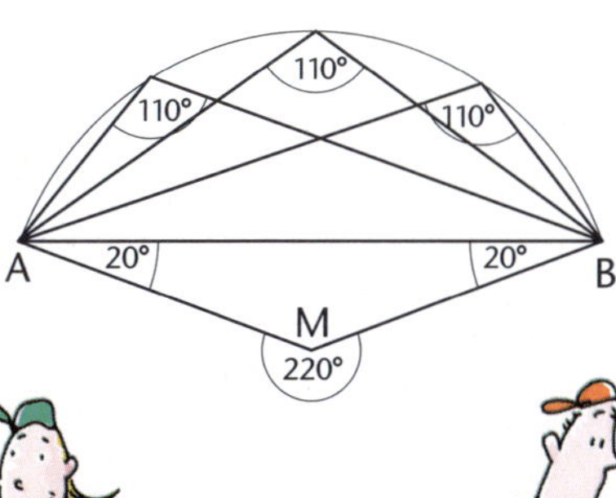

Nun können wir die anfangs gestellte Konstruktionsaufgabe lösen.

1. Aufgabenstellung:

Konstruiere ein Dreieck mit $c = 7$ cm, $h_c = 3$ cm und $\gamma = 70°$.

2. Planfigur:

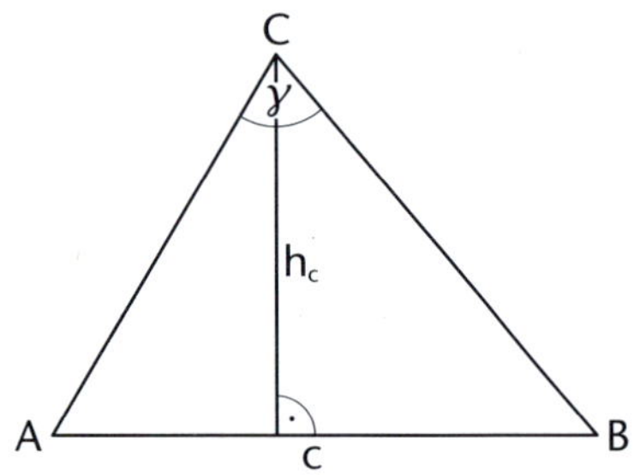

3. Konstruktionsplan:

A und B sind als Endpunkte der Strecke c mit $c = 7$ cm festgelegt.

C liegt
1. auf der Parallelen zu [AB] im Abstand $h_c = 3$ cm,
2. auf dem Fasskreisbogen über der Strecke [AB] zum Winkel $\gamma = 70°$.

Die beiden Dreiecke ABC und ABC′ erfüllen die gestellten Bedingungen.

4. Konstruktion:

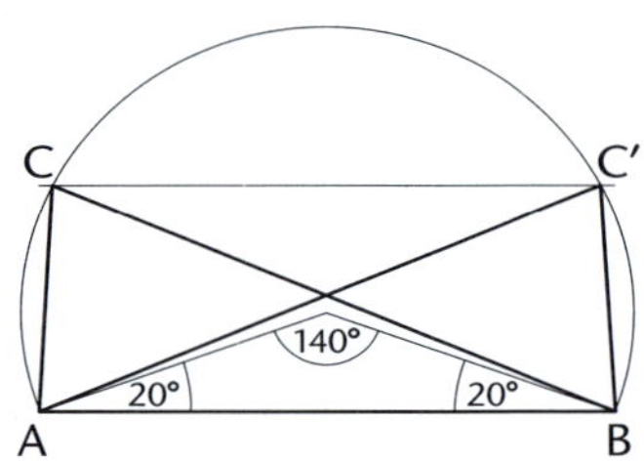

36 Konstruiere Dreiecke mit

a) $a = 5$ cm, $h_a = 4$ cm, $\alpha = 45°$; **b)** $b = 6$ cm, $h_b = 1{,}5$ cm, $\beta = 110°$;
c) $c = 5$ cm, $s_c = 4$ cm, $\gamma = 55°$; **d)** $a = 10$ cm, $s_a = 4$ cm, $\alpha = 120°$.

Kapitel 5

Tipps und Lösungshinweise

Bei den Tipps und Lösungshinweisen werden die folgenden Bezeichnungen verwendet:

Die Punkte, in denen die Dreieckshöhen h_a, h_b bzw. h_c auf die entsprechenden Seiten a, b bzw. c treffen, werden mit H_a, H_b bzw. H_c bezeichnet.

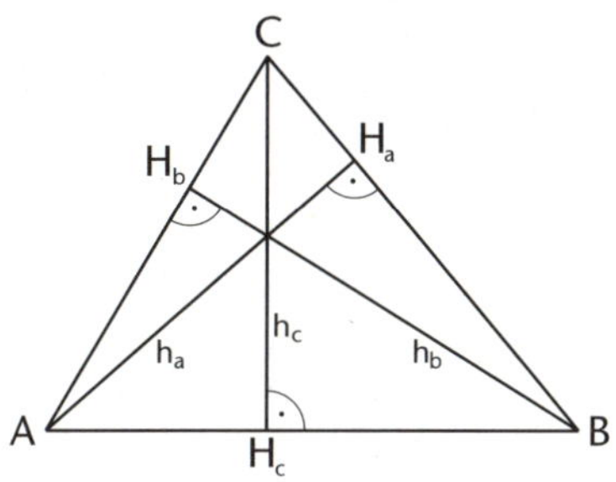

Die Punkte, in denen die Winkelhalbierenden w_α, w_β bzw. w_γ auf die entsprechenden Seiten a, b bzw. c treffen, werden mit W_α, W_β bzw. W_γ bezeichnet.

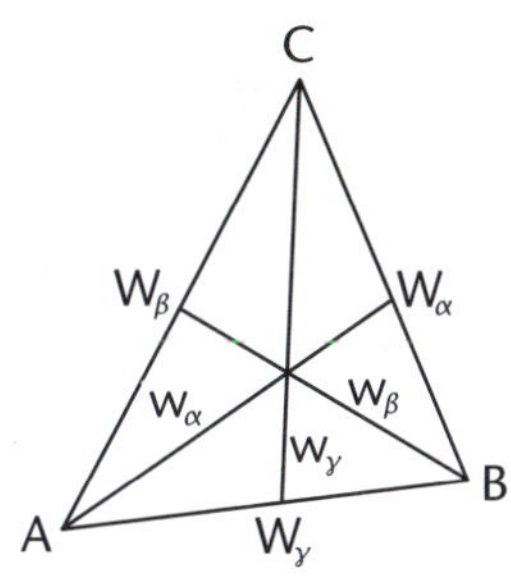

Die Mittelpunkte der Seiten a, b bzw. c werden mit M_a, M_b bzw. M_c bezeichnet.

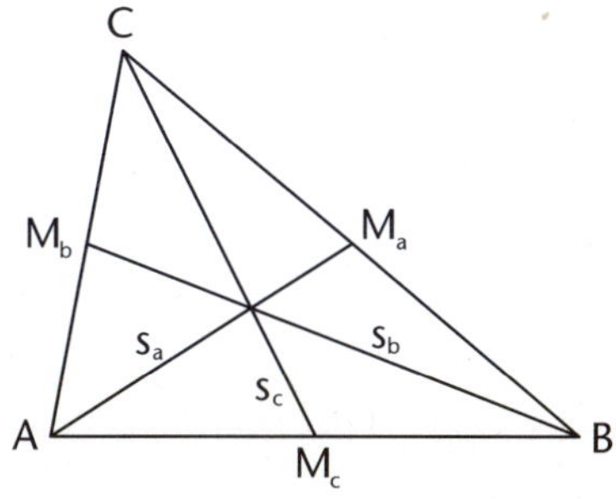

Die auftretenden Teildreiecke werden stets im positiven Umlaufsinn bezeichnet.

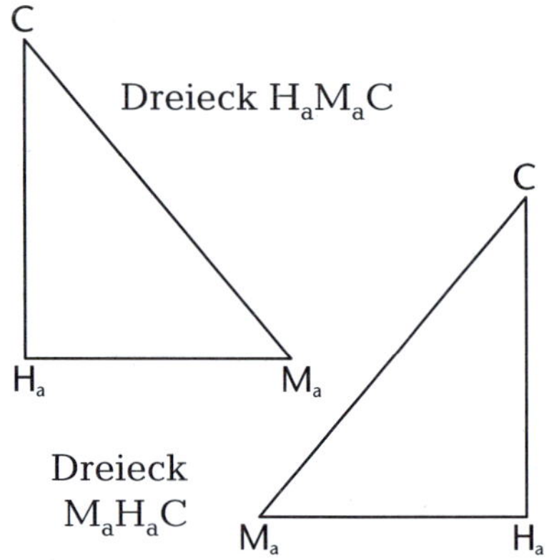

13

a) Das bei H_c rechtwinklige Teildreieck **H_cBC** (bzw. **BH_cC**) lässt sich nach SsW konstruieren. **A** liegt 1. auf der Geraden BH_c, 2. auf dem Kreis um B mit Radius c = 6 cm (2 Lösungen!).

b) Das bei H_a rechtwinklige Teildreieck **ABH_a** lässt sich nach SWW konstruieren. **C** liegt 1. auf der Geraden BH_a, 2. auf dem Kreis um B mit Radius a = 6 cm.

c) Das bei H_a rechtwinklige Teildreieck **ABH_a** (bzw. **AH_aB**) lässt sich nach SsW konstruieren. **C** liegt 1. auf der Geraden BH_a, 2. auf dem Kreis um B mit Radius a = 4 cm (2 Lösungen!).

d) Das bei H_c rechtwinklige Teildreieck **AH_cC** lässt sich nach SWW konstruieren. **C** liegt 1. auf der Geraden AH_c, 2. auf dem Kreis um A mit Radius c = 6,5 cm.

e) Das bei H_b rechtwinklige Teildreieck **H_bBC** (bzw. **BH_bC**) lässt sich nach SsW konstruieren. **A** liegt 1. auf der Geraden H_bC, 2. auf dem Kreis um C mit Radius b = 3,6 cm (2 Lösungen!).

f) Da $\gamma > 90°$, muss h_b außerhalb des Dreiecks verlaufen! Das bei H_b rechtwinklige Teildreieck **H_bCB** lässt sich nach SWW konstruieren, wobei der Außenwinkel bei C gleich $\gamma = 120°$ ist. **A** liegt 1. auf der Geraden H_bC, 2. auf dem Kreis um C mit Radius b = 3,2 cm.

g) Das bei H_c rechtwinklige Teildreieck **AH_cC** (bzw. **H_cAC**) lässt sich nach SsW konstruieren. **B** liegt 1. auf der Geraden H_cA,

13 2. auf dem Kreis um A mit Radius $c = 3{,}8$ cm (2 Lösungen!).
h) Das bei H_c rechtwinklige Teildreieck $\mathbf{H_cBC}$ lässt sich nach SWW konstruieren. **A** liegt 1. auf der Geraden H_cB, 2. auf dem Kreis um B mit Radius $c = 4{,}2$ cm.

14 Das bei H_c rechtwinklige Teildreieck $\mathbf{AH_cC}$ lässt sich nach SWW konstruieren (Winkel bei C beträgt dabei 30°). **B** liegt 1. auf der Geraden AH_c, 2. auf dem Kreis um A mit Radius $\overline{AC}$.

15 **B** und **C** sind als Endpunkte der Strecke $a = 4{,}5$ cm gegeben. **A** liegt 1. auf der Parallelen zur Geraden BC im Abstand $h_a = 4$ cm, 2. auf dem Kreis um C mit Radius $b = 4{,}5$ cm (2 Lösungen!).

16 **a)** Das Teildreieck $\mathbf{ABM_a}$ lässt sich nach SSS konstruieren ($\overline{BM_a} = \frac{a}{2} = 2$ cm). **C** liegt 1. auf der Geraden BM_a, 2. auf dem Kreis um B mit Radius $a = 4$ cm.
b) Das Teildreieck $\mathbf{M_bBC}$ lässt sich nach SsW konstruieren ($\overline{M_bB} = \frac{b}{2} = 1{,}9$ cm). **A** liegt 1. auf der Geraden CM_b, 2. auf dem Kreis um C mit Radius $b = 3{,}8$ cm.

17 **a)** Das Teildreieck $\mathbf{ABM_a}$ lässt sich nach SsW konstruieren ($\overline{BM_a} = \frac{a}{2} = 3$ cm). **C** liegt 1. auf der Geraden BM_a, 2. auf dem Kreis um B mit Radius $a = 6$ cm.
b) Das Teildreieck $\mathbf{AM_cC}$ lässt sich nach SsW konstruieren. **B** liegt 1. auf der Geraden AM_c, 2. auf dem Kreis um M_c mit Radius $\overline{AM_c}$.
c) Das Teildreieck $\mathbf{AM_cC}$ lässt sich nach sSW konstruieren (2 Fälle!). **B** liegt 1. auf der Geraden AM_c, 2. auf dem Kreis um M_c mit Radius $\overline{AM_c}$ (2 Lösungen!).
d) Das Teildreieck $\mathbf{AM_cC}$ lässt sich nach SSS konstruieren ($\overline{AM_c} = \frac{c}{2} = 2{,}5$ cm). **B** liegt 1. auf der Geraden AM_c, 2. auf dem Kreis um A mit Radius $c = 5$ cm.
e) Das Teildreieck $\mathbf{ABM_b}$ lässt sich nach SsW konstruieren ($\overline{AM_b} = \frac{b}{2} = 2{,}5$ cm). **C** liegt 1. auf der Geraden AM_b, 2. auf dem Kreis um A mit Radius $b = 5$ cm.

17 f) Das Teildreieck **ABM_a** lässt sich nach sSW konstruieren (2 Fälle!). **C** liegt 1. auf der Geraden BM_a, 2. auf dem Kreis um M_a mit Radius $\overline{M_aB}$ (2 Lösungen!).

18 a) Das Teildreieck **M_bBC** lässt sich nach SsW konstruieren ($\gamma = 90°$!). **A** liegt 1. auf der Geraden CM_b, 2. auf dem Kreis um C mit Radius b = 6 cm.

b) Das Teildreieck **AM_aC** lässt sich nach SsW konstruieren ($\gamma = 90°$!). **B** liegt 1. auf der Geraden M_aC, 2. auf dem Kreis um M_a mit Radius $\overline{CM_a}$.

19 a) Das Teildreieck **AM_aC** lässt sich nach SSS konstruieren ($\overline{M_aC} = \frac{a}{2} = 3$ cm). **B** liegt 1. auf der Geraden M_aC, 2. auf dem Kreis um C mit Radius a = 6 cm.

b) Das Teildreieck **AM_aC** lässt sich nach SSS konstruieren ($\overline{M_aC} = \frac{a}{2} = \frac{b}{2} = 2{,}1$ cm). **B** liegt 1. auf der Geraden M_aC, 2. auf dem Kreis um C mit Radius a = b = 4,2 cm.

20 a) Das Teildreieck **$AW_\gamma C$** lässt sich nach SWS konstruieren (Winkel bei C $= \frac{\gamma}{2} = 29°$). **B** liegt 1. auf der Geraden AW_γ, 2. auf dem freien Schenkel des an [AC] in C angetragenen Winkels $\gamma = 58°$.

b) Das Teildreieck **ABW_α** lässt sich nach SWW konstruieren (Winkel bei A ist [180° – 48° – 36°] : 2 = 48°). **C** liegt 1. auf der Geraden BW_α, 2. auf dem freien Schenkel des an [AB] in A angetragenen Winkels der Größe 96°.

c) Das Teildreieck **ABW_α** lässt sich nach SWS konstruieren (Winkel bei A ist $\frac{\alpha}{2} = 33°$). **C** liegt 1. auf der Geraden BW_α, 2. auf dem freien Schenkel des an [AB] in A angetragenen Winkels $\alpha = 66°$.

d) Das Teildreieck **$AW_\alpha C$** lässt sich nach SsW konstruieren. **B** liegt 1. auf der Geraden CW_α, 2. auf dem freien Schenkel des an $[AW_\alpha]$ in A angetragenen Winkels, der dieselbe Größe hat wie $\sphericalangle W_\alpha AC$.

e) Das Teildreieck **$W_\beta BC$** lässt sich nach SWS konstruieren. **A** liegt 1. auf der Geraden CW_β, 2. auf dem freien Schenkel

20 des an $[W_\beta B]$ in B angetragenen Winkels, der dieselbe Größe hat wie $\sphericalangle W_\beta BC$.

f) Das Teildreieck $\mathbf{W_\beta BC}$ lässt sich nach SsW konstruieren. **A** liegt 1. auf der Geraden CW_β, 2. auf dem freien Schenkel des an $[W_\beta B]$ in B angetragenen Winkels, der dieselbe Größe hat wie $\sphericalangle W_\beta BC$.

21 **a)** Umkreis mit r = 4 cm zeichnen. **A** frei auf dem Umkreis wählen. **C** liegt 1. auf dem Umkreis, 2. auf dem Kreis um A mit Radius b = 6 cm. **B** liegt 1. auf dem Umkreis, 2. auf dem Kreis um C mit a = 5 cm (2 Lösungen!).

b) Umkreis mit r = 4 cm zeichnen. **A** frei auf dem Umkreis wählen. **C** liegt 1. auf dem Umkreis, 2. auf dem Kreis um A mit Radius b = 7 cm. **B** liegt 1. auf dem Umkreis, 2. auf dem freien Schenkel des an [AC] in C angetragenen Winkels $\gamma = 20°$ (2 Lösungen!).

c) Umkreis mit r = 4 cm zeichnen. **A** frei auf dem Umkreis wählen. **B** liegt 1. auf dem Umkreis, 2. auf dem Kreis um A mit Radius c = 5 cm. **C** liegt 1. auf dem Umkreis, 2. auf dem Kreis um A mit Radius b = 5,5 cm (2 Lösungen!).

d) Umkreis mit r = 4 cm zeichnen. **B** frei auf dem Umkreis wählen. **C** liegt 1. auf dem Umkreis, 2. auf dem Kreis um B mit Radius a = 7 cm. **A** liegt 1. auf dem Umkreis, 2. auf dem freien Schenkel des an [BC] in B angetragenen Winkels $\beta = 40°$ (2 Lösungen!).

e) Umkreis mit r = 4 cm zeichnen. **B** frei auf dem Umkreis wählen. **C** liegt 1. auf dem Umkreis, 2. auf dem Kreis um B mit Radius a = 7 cm. **A** liegt 1. auf dem Umkreis, 2. auf dem freien Schenkel des an [BC] in C angetragenen Winkels $\gamma = 25°$ (2 Lösungen!).

f) Umkreis mit r = 4 cm zeichnen. **A** frei auf dem Umkreis wählen. **B** liegt 1. auf dem Umkreis, 2. auf dem Kreis um A mit Radius c = 7,5 cm. **C** liegt 1. auf dem Umkreis, 2. auf dem freien Schenkel des an [AB] in A angetragenen Winkels $\alpha = 60°$.

22 **a)** Umkreis mit r = 3,8 cm zeichnen. **A** und **B** sind Endpunkte eines beliebigen Durchmessers. **C** liegt 1. auf dem Umkreis, 2. auf dem Kreis um B mit Radius a = 5 cm.

b) Umkreis mit r = 4,2 cm zeichnen. **A** und **B** sind Endpunkte eines beliebigen Durchmessers. **C** liegt 1. auf dem Umkreis, 2. auf dem freien Schenkel des an [AB] in B angetragenen Winkels $\beta = 42°$.

23 **a)** Das bei H_a rechtwinklige Teildreieck $\mathbf{AM_aH_a}$ (bzw. $\mathbf{AH_aM_a}$) lässt sich nach SsW konstruieren. **C** liegt 1. auf der Geraden M_aH_a, 2. auf dem Kreis um A mit Radius b = 5,5 cm. **B** liegt 1. auf der Geraden M_aH_a, 2. auf dem Kreis um M_a mit Radius $\overline{M_aC}$ (2 Lösungen!).

b) Das bei H_b rechtwinklige Teildreieck $\mathbf{M_bBH_b}$ (bzw. $\mathbf{H_bBM_b}$) lässt sich nach SsW konstruieren. A liegt 1. auf der Geraden H_bM_b, 2. auf dem Kreis um B mit Radius c = 6 cm. **C** liegt 1. auf der Geraden H_bM_b, 2. auf dem Kreis um M_b mit Radius $\overline{M_bA}$ (2 Lösungen!).

24 **a)** Das bei H_b rechtwinklige Teildreieck $\mathbf{W_\beta BH_b}$ (bzw. $\mathbf{H_bBW_\beta}$) lässt sich nach SsW konstruieren. **A** und **C** liegen 1. auf der Geraden $W_\beta H_b$, 2. auf den freien Schenkeln des an $[W_\beta B]$ in B nach beiden Seiten angetragenen Winkels $\frac{\beta}{2} = 28°$ (2 Lösungen!).

b) Das bei H_c rechtwinklige Teildreieck $\mathbf{W_\gamma H_cC}$ (bzw. $\mathbf{H_cW_\gamma C}$) lässt sich nach SsW konstruieren. **A** und **C** liegen 1. auf der Geraden $W_\gamma H_c$, 2. auf den freien Schenkeln der an $[W_\gamma C]$ in C nach beiden Seiten angetragenen Winkel $\frac{\gamma}{2} = 44°$ (2 Lösungen!).

25 **a)** Das bei H_b rechtwinklige Teildreieck $\mathbf{ABH_b}$ lässt sich nach SWW konstruieren. **C** liegt 1. auf der Geraden AH_b, 2. auf der Parallelen zur Geraden AB im Abstand $h_c = 4{,}5$ cm.

b) Das bei H_a rechtwinklige Teildreieck $\mathbf{AH_aC}$ lässt sich nach SWW konstruieren. **B** liegt 1. auf der Geraden CH_a, 2. auf der Parallelen zur Geraden AC im Abstand $h_b = 3{,}5$ cm.

26 **a)** Umkreis $r = 3$ cm zeichnen. **A** frei auf dem Umkreis wählen. **B** liegt 1. auf dem Umkreis, 2. auf dem Kreis um A mit Radius $c = 4{,}2$ cm. H_a liegt 1. auf dem Thaleskreis über der Strecke [AB], 2. auf dem Kreis um A mit Radius $h_a = 3{,}6$ cm. **C** liegt 1. auf dem Umkreis, 2. auf der Geraden BH_a (2 Lösungen!).
b) Umkreis mit $r = 3$ cm zeichnen. **B** frei auf dem Umkreis wählen. **C** liegt 1. auf dem Umkreis, 2. auf dem Kreis um B mit Radius $a = 5$ cm. H_b liegt 1. auf dem Thaleskreis über der Strecke [BC], 2. auf dem Kreis um B mit Radius $h_b = 4$ cm. **A** liegt 1. auf dem Umkreis, 2. auf der Geraden H_bC.

27 **a)** Das bei H_b rechtwinklige Teildreieck $\mathbf{M_bBH_b}$ (bzw. $\mathbf{H_bBM_b}$) lässt sich nach SsW konstruieren. Der Umkreismittelpunkt U liegt 1. auf dem Kreis um B mit Radius $r = 4$ cm, 2. auf der Senkrechten zur Geraden M_bH_b im Punkt M_b. **A** und **C** liegen 1. auf dem Umkreis, 2. auf der Geraden M_bH_b (2 Lösungen!).
b) Das bei H_c rechtwinklige Teildreieck $\mathbf{H_cM_cC}$ (bzw. $\mathbf{M_cH_cC}$) lässt sich nach SsW konstruieren. Der Umkreismittelpunkt U liegt 1. auf dem Kreis um C mit $r = 4$ cm, 2. auf der Senkrechten zur Geraden M_cH_c im Punkt M_c. **A** und **B** liegen 1. auf dem Umkreis, 2. auf der Geraden M_cH_c.

28 **a)** **B** und **C** sind als Endpunkte der Strecke $a = 5$ cm festgelegt. **A** liegt 1. auf der Parallelen zur Geraden BC im Abstand $h_a = 3{,}5$ cm, 2. auf dem Kreis um B mit Radius $c = 4{,}5$ cm (2 Lösungen!).
b) Das Teildreieck $\mathbf{AM_aC}$ lässt sich nach SSS konstruieren ($\overline{M_aC} = \frac{a}{2} = 2{,}5$ cm). **B** liegt 1. auf der Geraden M_aC, 2. auf dem Kreis um C mit Radius $a = 5$ cm.
c) Das bei H_a rechtwinklige Teildreieck $\mathbf{ABH_a}$ lässt sich nach SWW konstruieren. **C** liegt 1. auf der Geraden BH_a, 2. auf dem freien Schenkel des an [AB] in A angetragenen Winkels $\alpha = 36°$.
d) Das bei H_b rechtwinklige Teildreieck $\mathbf{H_bBC}$ lässt sich nach SWW konstruieren. **A** liegt 1. auf der Geraden H_bC, 2. auf

28 dem Kreis um B mit Radius c = 7,5 cm (2 Lösungen!).

e) Das bei H_a rechtwinklige Teildreieck **AH_aC** lässt sich nach SWW konstruieren. **B** liegt 1. auf der Geraden H_aC, 2. auf dem Kreis um den Mittelpunkt M_b der Strecke [AC] mit Radius s_b = 5 cm.

f) Das bei H_a rechtwinklige Teildreieck **AH_aC** (bzw. **ACH_a**) lässt sich nach SsW konstruieren. **B** liegt 1. auf der Geraden CH_a, 2. auf dem Kreis um C mit Radius a = 4 cm (2 Lösungen!).

g) Das bei H_a rechtwinklige Teildreieck **AH_aM_a** (bzw. **AM_aH_a**) lässt sich nach SsW konstruieren. Der Umkreismittelpunkt U liegt 1. auf dem Kreis um A mit Radius r = 4 cm, 2. auf der Senkrechten zur Geraden M_aH_a durch M_a. **B** und **C** liegen 1. auf dem Umkreis, 2. auf der Geraden M_aH_a (2 Lösungen!).

h) Umkreis mit r = 4 cm zeichnen. **B** frei auf dem Umkreis wählen. **C** liegt 1. auf dem Umkreis, 2. auf dem Kreis um B mit Radius a = 7 cm. **A** liegt 1. auf dem Umkreis, 2. auf der Parallelen zur Geraden BC im Abstand h_a = 5 cm (2 Lösungen!).

i) Das Teildreieck **$CW_\gamma B$** lässt sich nach SWW konstruieren, wobei der Winkel bei C gleich $\frac{\gamma}{2} = 38°$. **A** liegt 1. auf der Geraden $W_\gamma B$, 2. auf dem freien Schenkel des an [BC] in C angetragenen Winkels $\gamma = 76°$.

k) Umkreis mit r = 5 cm zeichnen. **A** frei auf dem Umkreis wählen. **B** liegt 1. auf dem Umkreis, 2. auf dem Kreis um A mit Radius c = 8 cm. **C** liegt 1. auf dem Umkreis, 2. auf dem Kreis um B mit Radius a = 8,5 cm (2 Lösungen!).

l) Das bei H_b rechtwinklige Teildreieck **ABH_b** lässt sich nach SWW konstruieren. **C** liegt 1. auf der Geraden AH_b, 2. auf der Parallelen zur Geraden AB im Abstand h_c = 4,4 cm.

m) Das bei H_a rechtwinklige Teildreieck **AH_aM_a** (bzw. **AM_aH_a**) lässt sich nach SsW konstruieren. **B** und **C** liegen 1. auf der Geraden H_aM_a, 2. auf dem Kreis um M_a mit Radius $\frac{a}{2} = 2{,}5$ cm (2 Lösungen!).

n) Das bei H_b rechtwinklige Teildreieck **ABH_b** (bzw. **AH_bB**) lässt sich nach SsW konstruieren. **C** liegt 1. auf der Geraden AH_b,

28 2. auf der Parallelen zur Geraden AB im Abstand $h_c = 5$ cm (2 Lösungen!).

o) Das bei H_c rechtwinklige Teildreieck **H_cBC** (bzw. **BH_cC**) lässt sich nach SsW konstruieren. **A** liegt 1. auf der Geraden H_cB, 2. auf dem Kreis um M_a mit Radius $s_a = 3{,}5$ cm (2 Lösungen!).

p) Das bei H_b rechtwinklige Teildreieck **H_bBC** lässt sich nach SWW konstruieren. **A** liegt 1. auf der Geraden H_bC, 2. auf dem Kreis um M_a mit Radius $s_a = 5$ cm.

q) Umkreis mit r = 5 cm zeichnen. **B** frei auf dem Umkreis wählen. **C** liegt 1. auf dem Umkreis, 2. auf dem Kreis um B mit Radius a = 9 cm. **A** liegt 1. auf dem Umkreis, 2. auf dem freien Schenkel des an [BC] in B angetragenen Winkels $\beta = 52{,}5°$ (2 Lösungen!).

r) Umkreis mit r = 5 cm zeichnen. **B** frei auf dem Umkreis wählen. **C** liegt 1. auf dem Umkreis, 2. auf dem Kreis um B mit Radius a = 8,5 cm. **A** liegt 1. auf dem Umkreis, 2. auf der Parallelen zur Geraden BC im Abstand $h_a = 4$ cm (2 Lösungen!).

s) Das Teildreieck **ABW_α** lässt sich nach SWW konstruieren, wobei der Winkel bei A gleich $\frac{\alpha}{2} = 24°$ ist. **C** liegt 1. auf der Geraden BW_α, 2. auf dem freien Schenkel des an [AB] in A angetragenen Winkels $\alpha = 48°$.

t) Umkreis mit r = 5 cm zeichnen. **A** auf dem Umkreis frei wählen. **C** liegt 1. auf dem Umkreis, 2. auf dem Kreis um A mit Radius b = 7 cm. **B** liegt 1. auf dem Umkreis, 2. auf dem Kreis um den Mittelpunkt M_b der Strecke [AC] mit Radius $s_b = 7$ cm (2 Lösungen!).

u) Das bei H_a rechtwinklige Teildreieck **AH_aC** lässt sich nach SWW konstruieren. **B** liegt 1. auf der Geraden H_aC, 2. auf dem Kreis um A mit Radius c = 7,2 cm (2 Lösungen!).

v) Das bei H_c rechtwinklige Teildreieck **H_cBC** lässt sich nach SWW konstruieren. **A** liegt 1. auf der Geraden H_cB, 2. auf dem Kreis um den Mittelpunkt M_a der Strecke [BC] mit Radius $s_a =$ 4,5 cm.

28 **w)** Das bei H_a rechtwinklige Teildreieck **AH_aC** (bzw. **ACH_a**) lässt sich nach SsW konstruieren. **B** liegt 1. auf der Geraden H_aC, 2. auf dem freien Schenkel des an [AC] in A angetragenen Winkels $\alpha = 20°$ (2 Lösungen!).

x) Das bei H_c rechtwinklige Teildreieck **H_cM_cC** (bzw. **M_cH_cC**) lässt sich nach SsW konstruieren. **A** und **B** liegen 1. auf der Geraden M_cH_c, 2. auf dem Kreis um M_c mit Radius $\frac{c}{2} = 4$ cm (2 Lösungen!).

y) Das bei H_b rechtwinklige Teildreieck **H_bBC** lässt sich nach SsW konstruieren. H_c liegt 1. auf dem Thaleskreis über der Strecke [BC], 2. auf dem Kreis um C mit Radius $h_c = 5{,}5$ cm. **A** liegt 1. auf der Geraden H_cB, 2. auf der Geraden H_bC (2 Lösungen!).

z) Umkreis mit r = 5 cm zeichnen. Wegen $\gamma = 90°$ sind **A** und **B** die Endpunkte eines beliebigen Durchmessers des Umkreises. **C** liegt 1. auf dem Umkreis (= Thaleskreis!), 2. auf dem freien Schenkel des an [AB] in A angetragenen Winkels $\alpha = 60°$.

z_1) Das bei H_a rechtwinklige Teildreieck **ABH_a** lässt sich nach SsW konstruieren. W_β liegt 1. auf der Winkelhalbierenden des Winkels β, 2. auf dem Kreis um B mit Radius $w_\beta = 5{,}5$ cm. **C** liegt 1. auf der Geraden BH_a, 2. auf der Geraden AW_β.

z_2) Da $\alpha > 90°$, muss h_c außerhalb des Dreiecks verlaufen! Das bei H_c rechtwinklige Teildreieck **H_cAC** lässt sich nach SWW konstruieren, wobei der Winkel bei A gleich $180° - \alpha = 66°$ groß sein muss. **B** liegt 1. auf der Geraden H_cA, 2. auf dem Kreis um C mit Radius a = 8,3 cm.

29 **a)** Das bei H_a rechtwinklige Teildreieck **ABH_a** lässt sich nach SWW konstruieren. **C** liegt 1. auf der Geraden BH_a, 2. auf dem freien Schenkel des an [AB] in A angetragenen Winkels $\alpha = \beta = 47°$.

b) Das bei H_a rechtwinklige Teildreieck **AH_aC** lässt sich nach SsW konstruieren ($\overline{AC} = 9$ cm!). **B** liegt 1. auf der Geraden CH_a, 2. auf dem Kreis um C mit Radius a = 9 cm.

c) Das Teildreieck **M_bBC** lässt sich nach SSS konstruieren

29 ($\overline{M_bC} = \frac{b}{2} = 2{,}75$ cm, $\overline{BC} = a = b = 5{,}5$ cm). **A** liegt 1. auf der Geraden M_bC, 2. auf dem Kreis um C mit Radius b = 5,5 cm.

d) Umkreis mit r = 4 cm zeichnen. **B** frei auf dem Umkreis wählen. **C** liegt 1. auf dem Umkreis, 2. auf dem Kreis um B mit Radius a = 5 cm. **A** liegt 1. auf dem Umkreis, 2. auf dem Kreis um C mit Radius b = a = 5 cm.

e) Das bei H_c rechtwinklige Teildreieck **H_cBC** lässt sich nach SWW konstruieren. (Weil h_c Symmetrieachse ist, gilt: $\sphericalangle H_cCB = \frac{\gamma}{2} = 16°$.) **A** liegt 1. auf der Geraden H_cB, 2. auf dem Kreis um H_c mit Radius $\overline{H_cB}$.

f) Das Teildreieck **ABW_α** lässt sich nach SWW konstruieren ($\sphericalangle BAW_\alpha = \frac{\alpha}{2} = \frac{\beta}{2} = 19°$). **C** liegt 1. auf der Geraden BW_α, 2. auf dem freien Schenkel des an [AB] in A angetragenen Winkels $\alpha = \beta = 38°$.

30 **a)** Das bei H_c rechtwinklige Teildreieck **H_cBC** lässt sich nach SWW konstruieren. **A** liegt 1. auf der Geraden H_cB, 2. auf dem an [BC] in C angetragenen Winkel $\gamma = 90°$.

b) Das bei C rechtwinklige Teildreieck **AM_aC** lässt sich nach SsW konstruieren. **B** liegt 1. auf der Geraden CM_a, 2. auf dem Kreis um M_a mit Radius $\overline{CM_a}$.

c) Das bei C rechtwinklige Teildreieck **$AW_\alpha C$** lässt sich nach SsW konstruieren. **B** liegt 1. auf der Geraden CW_α, 2. auf dem freien Schenkel des an $[W_\alpha A]$ in A angetragenen Winkels, der dieselbe Größe hat wie $\sphericalangle W_\alpha AC$.

d) **A** und **B** sind als Endpunkte der Strecke c = 8 cm festgelegt. **C** liegt 1. auf dem Thaleskreis über der Strecke [AB], 2. auf der Parallelen zur Geraden AB im Abstand $h_c = 3$ cm (2 Lösungen!).

e) Das bei H_c rechtwinklige Teildreieck **H_cBC** lässt sich nach SsW konstruieren. **A** liegt 1. auf der Geraden H_cB, 2. auf dem freien Schenkel des an [BC] in C angetragenen Winkels $\gamma = 90°$.

f) Das bei H_c rechtwinklige Teildreieck **$H_cW_\gamma C$** (bzw. **$W_\gamma H_cC$**) lässt sich nach SsW konstruieren. **A** und **B** liegen 1. auf der

30 Geraden H_cW_γ, 2. auf den freien Schenkeln der beiden an $[CW_\gamma]$ in C angetragenen Winkel $\frac{\gamma}{2} = 45°$ (2 Lösungen!).

31
a) Strecke [AB] = c und Winkel β zeichnen. Der Inkreismittelpunkt **I** liegt 1. auf der Winkelhalbierenden des Winkels β, 2. auf der Parallelen zu [AB] im Abstand des Inkreisradius $\rho = 2$ cm. **C** liegt 1. auf dem freien Schenkel des Winkels β, 2. auf der von A aus an den Inkreis gelegten Tangente.
b) Strecke [BC] = a und Winkel β zeichnen. Der Inkreismittelpunkt **I** liegt 1. auf der Winkelhalbierenden des Winkels β, 2. auf der Parallelen zu [BC] im Abstand des Inkreisradius $\rho = 1{,}5$ cm. **A** liegt 1. auf dem freien Schenkel des Winkels β, 2. auf der von C aus an den Inkreis gelegten Tangente.
c) Strecke [AC] = b und Winkel γ zeichnen. Der Inkreismittelpunkt **I** liegt 1. auf der Winkelhalbierenden des Winkels γ, 2. auf der Parallelen zu [AC] im Abstand des Inkreisradius $\rho = 2{,}5$ cm. **B** liegt 1. auf dem freien Schenkel des Winkels γ, 2. auf der von A aus an den Inkreis gelegten Tangente.
d) Strecke [BC] = a und Winkel γ zeichnen. Der Inkreismittelpunkt **I** liegt 1. auf der Winkelhalbierenden des Winkels γ, 2. auf der Parallelen zu [BC] im Abstand des Inkreisradius $\rho = 1{,}5$ cm. **A** liegt 1. auf dem freien Schenkel des Winkels γ, 2. auf der von B aus an den Inkreis gelegten Tangente.

32
a) Winkel β mit Scheitelpunkt **B** zeichnen. Der Inkreismittelpunkt **I** ist der Schnittpunkt der zu den beiden Schenkeln des Winkels β im Abstand des Inkreisradius $\rho = 1{,}5$ cm gezogenen Parallelen. **C** liegt 1. auf dem entsprechenden Schenkel des Winkels β, 2. auf der Parallelen zum anderen Schenkel des Winkels β im Abstand $h_c = 5$ cm. **A** liegt 1. auf der von C aus an den Inkreis gelegten Tangente, 2. auf dem noch freien Schenkel des Winkels β.
b) Winkel α mit Scheitelpunkt **A** zeichnen. Der Inkreismittelpunkt **I** ist der Schnittpunkt der zu den beiden Schenkeln des Winkels α im Abstand des Inkreisradius $\rho = 2$ cm gezogenen

32 Parallelen. **B** liegt 1. auf dem entsprechenden Schenkel des Winkels α, 2. auf der Parallelen zum anderen Schenkel des Winkels α im Abstand $h_b = 7$ cm. **C** liegt 1. auf der von B aus an den Inkreis gelegten Tangente, 2. auf dem noch freien Schenkel des Winkels α.

33
a) Beliebiges Dreieck **AB'C'** mit $\alpha = 75°$ und $\gamma = 50°$ zeichnen. Der Inkreismittelpunkt **I** des gesuchten Dreiecks ABC liegt 1. auf der Winkelhalbierenden des Winkels α, 2. auf der Parallelen zu [AB'] im Abstand des Inkreisradius $\rho = 2$ cm. Der Berührpunkt **P** der gesuchten Dreiecksseite [BC] mit dem Inkreis liegt 1. auf dem Lot von I auf [B'C'], 2. auf dem Inkreis. Die Parallele zu [B'C'] durch den Berührpunkt P schneidet die Schenkel des Winkels α in den Punkten **B** und **C**.
b) Beliebiges Dreieck **A'BC'** mit $\beta = 50°$ und $\gamma = 100°$ zeichnen. Der Inkreismittelpunkt **I** des gesuchten Dreiecks ABC liegt 1. auf der Winkelhalbierenden des Winkels β, 2. auf der Parallelen zu [A'B] im Abstand des Inkreisradius $\rho = 1{,}5$ cm. Der Berührpunkt **P** der gesuchten Dreiecksseite [AC] mit dem Inkreis liegt 1. auf dem Lot von I auf [A'C'], 2. auf dem Inkreis. Die Parallele zu [A'C'] durch den Berührpunkt P schneidet die Schenkel des Winkels β in den Punkten **A** und **C**.

34
a) Inkreis mit $\rho = 2$ cm zeichnen. Den zum Winkel α gehörenden Mittelpunktswinkel der Größe $180° - 75° = 105°$ konstruieren. Daran im Uhrzeigersinn anschließend den zum Dreieckswinkel γ gehörenden Mittelpunktswinkel der Größe $180° - 50° = 130°$ konstruieren. In den Schnittpunkten der Schenkel mit dem Inkreis die Tangenten konstruieren.
b) Inkreis mit $\rho = 1{,}5$ cm zeichnen. Den zum Winkel β gehörenden Mittelpunktswinkel der Größe $180° - 50° = 130°$ konstruieren. Daran entgegen dem Uhrzeigersinn anschließend den zum Dreieckswinkel γ gehörenden Mittelpunktswinkel der Größe $180° - 100° = 80°$ konstruieren. In den Schnittpunkten der Schenkel mit dem Inkreis die Tangenten konstruieren.

35 **a)** Das bei H_a rechtwinklige Dreieck $\mathbf{AW_\alpha H_a}$ lässt sich nach der 4. Grundkonstruktion (SsW) konstruieren. Der Inkreismittelpunkt **I** liegt 1. auf der Winkelhalbierenden w_α, 2. auf der Parallelen zu $[W_\alpha H_a]$ im Abstand des Inkreisradius $\rho = 2$ cm. **B** und **C** liegen 1. auf den von A aus an den Inkreis gelegten Tangenten, 2. auf der Geraden $W_\alpha H_a$ (2 Lösungen!).

b) Das bei H_c rechtwinklige Dreieck $\mathbf{W_\gamma H_c C}$ lässt sich nach der 4. Grundkonstruktion (SsW) konstruieren. Der Inkreismittelpunkt **I** liegt 1. auf der Winkelhalbierenden w_γ, 2. auf der Parallelen zu $[W_\gamma H_c]$ im Abstand des Inkreisradius $\rho = 1{,}5$ cm. Die Punkte **A** und **B** liegen 1. auf den von C aus an den Inkreis gelegten Tangenten, 2. auf der Geraden $W_\gamma H_c$ (2 Lösungen!).

36 **a)** **B** und **C** sind Endpunkte der Strecke a mit $a = 5$ cm.
A liegt 1. auf der Parallelen zu [BC] im Abstand $h_a = 4$ cm, 2. auf dem Fasskreisbogen über der Strecke [BC] zum Winkel $\alpha = 45°$ (2 Lösungen!).

b) **A** und **C** sind Endpunkte der Strecke b mit $b = 6$ cm.
B liegt 1. auf der Parallelen zu [AC] im Abstand $h_b = 1{,}5$ cm, 2. auf dem Fasskreisbogen über der Strecke [AC] zum Winkel $\beta = 110°$ (2 Lösungen!).

c) **A** und **B** sind Endpunkte der Strecke c mit $c = 5$ cm.
C liegt 1. auf dem Fasskreisbogen über der Strecke [AB] zum Winkel $\gamma = 55°$, 2. auf dem Kreis um den Mittelpunkt der Strecke [AB] mit Radius $s_c = 4$ cm (2 Lösungen!).

d) **B** und **C** sind Endpunkte der Strecke a mit $a = 10$ cm.
A liegt 1. auf dem Fasskreisbogen über der Strecke [BC] zum Winkel $\alpha = 120°$, 2. auf dem Kreis um den Mittelpunkt der Strecke [BC] mit Radius $s_a = 4$ cm (2 Lösungen!).

Kapitel 6

Lösungen

Damit du kontrollieren kannst, ob dir deine Konstruktionen gelungen sind, werden bei den nun folgenden Lösungen jeweils die Längen der Seiten und die Größen der Winkel der zu konstruierenden Dreiecke angegeben, und zwar in alphabetischer Reihenfolge. **Kleinere** Abweichungen von diesen Werten sind unerheblich. Du hast dann in der Regel die Konstruktion richtig durchgeführt. Manchmal genügt da schon, den Bleistift anzuspitzen, um Abhilfe zu schaffen.
Größere Abweichungen hingegen sind ein Zeichen dafür, dass du falsch konstruiert hast. Dann musst du dich noch einmal an die Arbeit machen und den Fehler in deinem Konstruktionsplan suchen.

1
a) 3 cm, 4 cm, 5 cm, 36,9°, 53,1°, 90°;
b) 4,3 cm, 5,8 cm, 3,5 cm, 47,6°, 95,5°, 36,9°.

2
a) 2 cm, 4 cm, 5,3 cm, 19,1°, 40,9°, 120°;
b) 3,2 cm, 3,4 cm, 5,5 cm, 32,5°, 35°, 112,5°;
c) 4,9 cm, 4,8 cm, 2,9 cm, 75°, 70,3°, 34,7°;
d) 7 cm, 7 cm, 5,9 cm, 65°, 65°, 50°.

3
a) 3,3 cm, 5 cm, 4,4 cm, 40°, 80°, 60°;
b) 3,7 cm, 3,1 cm, 3,8 cm, 65°, 48°, 67°;
c) 5,6 cm, 2,5 cm, 5,9 cm, 70°, 25°, 85°;
d) 6 cm, 6 cm, 6 cm, 60°, 60°, 60°.

4
a) 7 cm, 5,8 cm, 5 cm, 80°, 55°, 45°;
b) 4,8 cm, 2,9 cm, 4,7 cm, 75°, 35°, 70°;

4

c) 8 cm, 3,6 cm, 6 cm, 110°, 25°, 45°;
d) 7,2 cm, 7,2 cm, 10,2 cm, 45°, 45°, 90°.

5

a) 5 cm, 3 cm, 6,4 cm, 50°, 27,4°, 102,6°;
b) 2,7 cm, 6,5 cm, 4,2 cm, 15,5°, 140°, 24,5°;
c) 4,8 cm, 5 cm, 8,5 cm, 28,7°, 30°, 121,3°;
d) 2,8 cm, 2,8 cm, 3,6 cm, 50°, 50°, 80°.

6

a) 1. Lösung: 6,9 cm, 4 cm, 6 cm, 85,6°, 35°, 59,4°;
2. Lösung: 2,9 cm, 4 cm, 6 cm, 24,4°, 35°, 120,6°;
b) 1. Lösung: 4,8 cm, 4,7 cm, 4 cm, 66,8°, 63,2°, 50°;
2. Lösung: 4,8 cm, 1,5 cm, 4 cm, 113,2°, 16,8°, 50°;
c) 1. Lösung: 6,2 cm, 7,5 cm, 8,5 cm, 45°, 58,8°, 76,2°;
2. Lösung: 6,2 cm, 7,5 cm, 2,1 cm, 45°, 121,2°, 13,8°;
d) 1. Lösung: 8 cm, 5,5 cm, 3,8 cm, 117,3°, 37,7°, 25°;
2. Lösung: 2 cm, 5,5 cm, 3,8 cm, 12,7°, 142,3°, 25°.

7

a) 5 cm, 7 cm, 8 cm, 38,2°, 60°, 81,8°;
b) 4,5 cm, 4,3 cm, 3,5 cm, 70°, 63°, 47°;
c) 3,8 cm, 4 cm, 2,5 cm, 67°, 75°, 38°;
d) 4,1 cm, 6,3 cm, 5,3 cm, 40°, 83°, 57°;
e) 4 cm, 5,8 cm, 5 cm, 42,7°, 79,3°, 58°;
f) 1. Lösung: 6,5 cm, 4,9 cm, 6,8 cm, 64,8°, 43°, 72,2°;
2. Lösung: 6,5 cm, 4,9 cm, 2,7 cm, 115,2°, 43°, 21,8°;
g) 3,2 cm, 4,4 cm, 4,1 cm, 44,1°, 73°, 63°;
h) 6,3 cm, 3,4 cm, 4,3 cm, 110°, 30,3°, 39,7°;
i) 3,8 cm, 5,4 cm, 4,2 cm, 45°, 85°, 50°;
k) 4,3 cm, 2,9 cm, 4,2 cm, 72°, 40°, 68°;
l) 4,4 cm, 7,5 cm, 4,7 cm, 33,2°, 111°, 35,8°;
m) 1. Lösung: 2,8 cm, 4,4 cm, 3,5 cm, 40°, 86,5°, 53,5°;
2. Lösung: 2,8 cm, 1 cm, 3,5 cm, 40°, 13,5°, 126,5°;
n) 4,8 cm, 2,4 cm, 3,6 cm, 104,5°, 29°, 46,6°;
o) 5,2 cm, 3,8 cm, 6,4 cm, 53,8°, 36,2°, 90°;
p) 4,6 cm, 6,2 cm, 4,6 cm, 48°, 84°, 48°;
q) 3 cm, 3,9 cm, 5,7 cm, 30°, 40°, 110°;

7 **r)** 5,8 cm, 4,5 cm, 6 cm, 65°, 44,7°, 70,3°;
s) 1. Lösung: 5,5 cm, 5,2 cm, 3,5 cm, 75,8°, 66,2°, 38°;
2. Lösung: 2,7 cm, 5,2 cm, 3,5 cm, 28,2°, 113,8°, 38°;
t) 7,2 cm, 2,7 cm, 8 cm, 63,2°, 19,6°, 97,2°;
u) 8 cm, 4,1 cm, 5 cm, 123,6°, 25°, 31,4°;
v) 5,2 cm, 3,2 cm, 2,7 cm, 125°, 30°, 25°;
w) 5,7 cm, 3,6 cm, 5,1 cm, 80°, 38°, 62°;
x) 3,9 cm, 2,8 cm, 6,4 cm, 20,5°, 14,5°, 145°;
y) 1. Lösung: 5,7 cm, 2,6 cm, 4,2 cm, 111,9°, 25°, 43,1°;
2. Lösung: 1,9 cm, 2,6 cm, 4,2 cm, 18,1°, 25°, 136,9°.

8 4 cm, 4 cm, 4 cm, 60°, 60°, 60°.

9 3,5 cm, 3,5 cm, 3,5 cm, 60°, 60°, 60°.

10 **a)** 5 cm, 5 cm, 4 cm, 66,4°, 66,4°, 47,2°;
b) 6 cm, 6 cm, 4,9 cm, 66°, 66°, 48°;
c) 6,3 cm, 6,3 cm, 7,2 cm, 55°, 55°, 70°;
d) 4,5 cm, 4,5 cm, 7,4 cm, 35°, 35°, 110°;
e) 3 cm, 3 cm, 3,2 cm, 57,5°, 57,5°, 65°;
f) 6,2 cm, 6,2 cm, 3,2 cm, 75°, 75°, 30°.

11 **a)** 2,9 cm, 4,1 cm, 5 cm, 35°, 55°, 90°;
b) 3,9 cm, 4,8 cm, 6,2 cm, 39,3°, 50,7°, 90°;
c) 4 cm, 3 cm, 5 cm, 53,1°, 36,9°, 90°;
d) 4,9 cm, 3,4 cm, 5,9 cm, 55°, 35°, 90°.

12 **a)** 4,2 cm, 4,2 cm, 6 cm, 45°, 45°, 90°;
b) 6 cm, 6 cm, 8,5 cm, 45°, 45°, 90°.

13 **a)** 1. Lösung: 4 cm, 4,5 cm, 6 cm, 48,6°, 89,6°, 41,8°;
2. Lösung: 4 cm, 9,2 cm, 6 cm, 19,1°, 131,4°, 29,5°;
b) 6 cm, 3,6 cm, 6,1 cm, 71°, 35°, 74°;
c) 1. Lösung: 4 cm, 3,2 cm, 6 cm, 38,3°, 30°, 111,7°;
2. Lösung: 4 cm, 9,7 cm, 6 cm, 11,9°, 150°, 18,1°;

13 **d)** 5 cm, 7,8 cm, 6,5 cm, 40°, 83,8°, 56,2°;
e) 1. Lösung: 5 cm, 3,6 cm, 4,3 cm, 78,1°, 44,8°, 57,1°;
2. Lösung: 5 cm, 3,6 cm, 7,6 cm, 33,6°, 23,5°, 122,9°;
f) 3,5 cm, 3,2 cm, 5,8 cm, 31,3°, 28,7°, 120°;
g) 1. Lösung: 3,1 cm, 4,2 cm, 3,8 cm, 45,6°, 74°, 60,4°;
2. Lösung: 7,4 cm, 4,2 cm, 3,8 cm, 134,4°, 24,°, 21,6°;
h) 5 cm, 4,5 cm, 4,2 cm, 69,4°, 58°, 52,6°.

14 4,6 cm, 4,6 cm, 4,6 cm, 60°, 60°, 60°.

15 1. Lösung: 4,5 cm, 4,5 cm, 4,7 cm, 58,6°, 58,6°, 62,8°;
2. Lösung: 4,5 cm, 4,5 cm, 7,7 cm, 31,4°, 31,4°, 117,2°.

16 **a)** 4 cm, 4,9 cm, 5 cm, 47,9°, 64,1°, 68°;
b) 4,3 cm, 3,8 cm, 5,5 cm, 51°, 44°, 85°.

17 **a)** 6 cm, 6,2 cm, 5,5 cm, 61,7°, 65°, 53,3°;
b) 6,4 cm, 4,6 cm, 4,8 cm 85°, 46,2°, 48,8°;
c) 1. Lösung: 9,9 cm, 5,5 cm, 13,9 cm, 35°, 18,5°, 126,5°;
2. Lösung: 3,2 cm, 5,5 cm, 4,1 cm, 35°, 97,3°, 47,7°;
d) 2,9 cm, 6 cm, 5 cm, 29°, 94,9°, 56,1°;
e) 5,6 cm, 5 cm, 7,3 cm, 50°, 43,2° 86,8°;
f) 1. Lösung: 13,1 cm, 9,7 cm, 6,5 cm, 106,7°, 45°, 28,3°;
2. Lösung: 5,3 cm, 4,6 cm, 6,5 cm, 53,2°, 45°, 81,8°.

18 **a)** 7,4 cm, 6 cm, 9,5 cm, 51°, 39°, 90°;
b) 6,6 cm, 5 cm, 8,3 cm, 53°, 37°, 90°.

19 **a)** 6 cm, 6 cm, 9 cm, 41,8°, 41,8°, 96,4°;
b) 4,2 cm, 4,2 cm, 4,1 cm, 60,5°, 60,5°, 59°.

20 **a)** 3,7 cm, 6 cm, 5,1 cm, 37,8°, 84,2°, 58°;
b) 6,8 cm, 5,1 cm, 4 cm, 96°, 48°, 36°;
c) 5,2 cm, 4,6 cm, 5 cm, 66°, 52,9°, 61,1°;
d) 10,1 cm, 4 cm, 9,9 cm, 82°, 23°, 75°;

20 **e)** 5,5 cm, 6,9 cm, 3,5 cm, 52°, 98°, 30°;
f) 3 cm, 4,8 cm, 5,2 cm, 34,8°, 65,2°, 80°.

21 **a)** 1. Lösung: 5 cm, 6 cm, 8 cm, 38,7°, 48,6°, 92,7°;
2. Lösung: 5 cm, 6 cm, 1,4 cm, 38,7°, 131,4°, 9,9°;
b) 1. Lösung: 7,9 cm, 7 cm, 2,7 cm, 99,1°, 60,9°, 20°;
2. Lösung: 5,3 cm, 7 cm, 2,7 cm, 40,9°, 119,1°, 20°;
c) 1. Lösung: 7,9 cm, 5,5 cm, 5 cm, 97,8°, 43,5°, 38,7°;
2. Lösung: 0,7 cm, 5,5 cm, 5 cm, 4,8°, 136,5°, 38,7°;
d) 1. Lösung: 7 cm, 5,1 cm, 7,8 cm, 61°, 40°, 79°;
2. Lösung: 7 cm, 5,1 cm, 2,9 cm, 119°, 40°, 21°;
e) 1. Lösung: 7 cm, 8 cm, 3,4 cm, 61°, 94°, 25°;
2. Lösung: 7 cm, 4,7 cm, 3,4 cm, 119°, 36°, 25°;
f) 6,9 cm, 6,2 cm, 7,5 cm, 60°, 50,4°, 69,6°.

22 **a)** 5 cm, 5,7 cm, 7,6 cm, 41,1°, 48,9°, 90°;
b) 6,2 cm, 5,6 cm, 8,4 cm, 48°, 42°, 90°.

23 **a)** 1. Lösung: 5 cm, 5,5 cm, 4,2 cm, 60,4°, 72,9°, 46,7°;
2. Lösung: 10,1 cm, 5,5 cm, 7,5 cm, 100,9°, 32,4°, 46,7°;
b) 1. Lösung: 4,1 cm, 6,2 cm, 6 cm, 39,3°, 73,°, 67,7°;
2. Lösung: 8,6 cm, 12,4 cm, 6 cm, 39,3°, 114,5°, 26,2°.

24 **a)** 1. Lösung: 5 cm, 8,8 cm, 10,5 cm, 28,4°, 56°, 95,6°;
2. Lösung: 10,5 cm, 8,8 cm, 5 cm, 95,6°, 56°, 28,4°;
b) 1. Lösung: 10 cm, 3,3 cm, 10,4 cm, 73,3°, 18,7°, 88°;
2. Lösung: 3,3 cm, 10 cm, 10,4 cm, 18,7°, 73,3°, 88°.

25 **a)** 6 cm, 6,1 cm, 5 cm, 65°, 66,4°, 48,6°;
b) 4,3 cm, 4,6 cm, 4,1 cm, 57,9°, 67,1°, 55°.

26 **a)** 1. Lösung: 5,8 cm, 5,1 cm, 4,2 cm, 76,6°, 59°, 44,4°;
2. Lösung: 1,5 cm, 5,1 cm, 4,2 cm, 14,5°, 121°, 44,5°;
b) 5 cm, 5,7 cm, 4,8 cm, 56,4°, 70,5°, 53,1°.

27 **a)** 1. Lösung: 5,2 cm, 7,2 cm, 7,7 cm, 40,3°, 64,5°, 75,2°;
2. Lösung: 7,7 cm, 7,2 cm, 5,2 cm, 75,2°, 64,5°, 40,3°;
b) 1. Lösung: 3,4 cm, 6,3 cm, 7,9 cm, 24,6°, 50,3°, 105,1°;
2. Lösung: 6,3 cm, 3,4 cm, 7,9 cm, 50,3°, 24,6°, 105,1°.

28 **a)** 1. Lösung: 5 cm, 4,1 cm, 4,5 cm, 70,7°, 51,1°, 58,2°;
2. Lösung: 5 cm, 8,6 cm, 4,5 cm, 27°, 128,9°, 24,1°;
b) 5 cm, 3 cm, 4 cm, 90°, 36,9°, 53,1°;
c) 3,9 cm, 6,3 cm, 6,4 cm, 36°, 70°, 74°;
d) 1. Lösung: 8,5 cm, 7,4 cm, 7,5 cm, 69°, 55°, 56°;
2. Lösung: 8,4 cm, 2 cm, 7,5 cm, 111,1°, 12,9°, 56°;
e) 7 cm, 6,2 cm, 4,6 cm, 78,9°, 61,1°, 40°;
f) 1. Lösung: 4 cm, 3,7 cm, 3,2 cm, 70,3°, 60,5°, 49,2°;
2. Lösung: 4 cm, 3,7 cm, 7 cm, 25,6°, 23,6°, 130,8°;
g) 1. Lösung: 7,4 cm, 5,2 cm, 7,8 cm, 65,9°, 39,9°, 74,2°;
2. Lösung: 7,4 cm, 7,8 cm, 5,2 cm, 65,9°, 74,2°, 39,9°;
h) 1. Lösung: 7 cm, 7,9 cm, 5,1 cm, 61,1°, 79,3°, 39,6°;
2. Lösung: 7 cm, 5,1 cm, 7,9 cm, 61,1°, 39,6°, 79,3°;
i) 5,6 cm, 4,6 cm, 6,4 cm, 59°, 45°, 76°;
k) 1. Lösung: 8,5 cm, 9,5 cm, 8 cm, 57,4°, 70,2°, 52,4°;
2. Lösung: 8,5 cm, 0,9 cm, 8 cm, 121,1°, 5,2°, 53,7°;
l) 6,2 cm, 5,1 cm, 6,9 cm, 60°, 45,1°, 74,9°;
m) 1. Lösung: 5 cm, 7 cm, 3,7 cm, 43,3°, 106,2°, 30,5°;
2. Lösung: 5 cm, 3,7 cm, 7 cm, 43,3°, 30,5°, 106,2°;
n) 1. Lösung: 6,2 cm, 6,7 cm, 8 cm, 48,6°, 54,3°, 77,1°;
2. Lösung: 13,4 cm, 6,7 cm, 8 cm, 131,2°, 22,2°, 26,6°;
o) 1. Lösung: 4,5 cm, 4,4 cm, 3,9 cm, 65,3°, 62,7°, 52°;
2. Lösung: 4,5 cm, 5,6 cm, 1,9 cm, 46,2°, 116°, 17,8°;
p) 6,4 cm, 5,1 cm, 6,7 cm, 64,2°, 45,8°, 70°;
q) 1. Lösung: 9 cm, 7,9 cm, 8,9 cm, 64,1°, 52,5°, 63,4°;
2. Lösung: 9 cm, 7,9 cm, 2 cm, 115,9°, 52,5°, 11,6°;
r) 1. Lösung: 8,5 cm, 9,9 cm, 4 cm, 58,2°, 98,2°, 23,6°;
2. Lösung: 8,5 cm, 4 cm, 9,9 cm, 58,2°, 23,6°, 98,2°;
s) 5,4 cm, 6,3 cm, 6,9 cm, 48°, 60°, 72°;
t) 1. Lösung: 5,4 cm, 7 cm, 9,7 cm, 33°, 44,9°, 102,1°;

28 2. Lösung: 9,7 cm, 7 cm, 5,4 cm, 102,1°, 44,9°, 33°;
u) 1. Lösung: 7,4 cm, 8,8 cm, 7,2 cm, 54,5°, 73,5°, 52°;
2. Lösung: 3,4 cm, 8,8 cm, 7,2 cm, 21,5°, 106,5°, 52°;
v) 4,6 cm, 4,9 cm, 5,2 cm, 54,3°, 60°, 65,7°;
w) 1. Lösung: 2,1 cm, 6 cm, 5,1 cm, 20°, 103,6°, 56,4°;
2. Lösung: 3,5 cm, 6 cm, 8,4 cm, 20°, 36,4°, 123,6°;
x) 1. Lösung: 8,1 cm, 4,1 cm, 8 cm, 76°, 29,7°, 74,3°;
2. Lösung: 4,1 cm, 8,1 cm, 8 cm, 29,7°, 76°, 74,3°;
y) 1. Lösung: 6 cm, 5,8 cm, 4,2 cm, 71,8°, 66,4°, 41,8°;
2. Lösung: 6 cm, 13,2 cm, 9,6 cm, 24,6°, 113,6°, 41,8°;
z) 8,7 cm, 5 cm, 10 cm, 60°, 30°, 90°;
z_1) 5,8 cm, 4,2 cm, 6 cm, 66,2°, 41,8°, 72°;
z_2) 8,3 cm, 4,1 cm, 5,8 cm, 114°, 26,5°, 39,5°.

29 **a)** 6 cm, 6 cm, 8,2 cm, 47°, 47°, 86°;
b) 9 cm, 9 cm, 2,5°, 82°, 82°, 16°;
c) 5,5 cm, 5,5 cm, 7,5 cm, 46,7°, 46,7°, 86,6°;
d) 5 cm, 5 cm, 7,8 cm, 38,7°, 38,7°, 102,6°;
e) 4,7 cm, 4,7 cm, 2,6 cm, 74°, 74°, 32°;
f) 4,2 cm, 4,2 cm, 6,5 cm, 38°, 38°, 104°.

30 **a)** 4,2 cm, 4,3 cm, 6 cm, 44°, 46°, 90°;
b) 6 cm, 4 cm, 7,2 cm, 56,3°, 33,7°, 90°;
c) 11,9 cm, 5 cm, 12,9 cm, 67,2°, 22,8°, 90°;
d) 1. Lösung: 3,3 cm, 7,3 cm, 8 cm, 24,4°, 65,6°, 90°;
2. Lösung: 7,3 cm, 3,3 cm, 8 cm, 65,6°, 24,4°, 90°;
e) 6,8 cm, 5,3 cm, 8,6 cm, 51,9°, 38,1°, 90°;
f) 1. Lösung: 13,2 cm, 4,2 cm, 13,8 cm, 72,3°, 17,7°, 90°;
2. Lösung: 4,2 cm, 13,2 cm, 13,8 cm, 17,7°, 72,3°, 90°.

31 **a)** 6,6 cm, 6,3 cm, 8 cm, 53,4°, 50°, 76,6°;
b) 6 cm, 5 cm, 8,5 cm, 43,8°, 35°, 101,2°;
c) 8,5 cm, 8,5 cm, 12 cm, 45°, 45°, 90°;
d) 6,5 cm, 7,3 cm, 12,3 cm, 25,8°, 29,2°, 125°.

32 **a)** 7,6 cm, 4,9 cm, 5,5 cm, 93,8°, 40°, 46,2°;
b) 7,3 cm, 6,2 cm, 8,1 cm, 60°, 47°, 73°.

33 **a)** 8,3 cm, 7,1 cm, 6,6 cm, 75°, 55°, 50°;
b) 4,4 cm, 6,7 cm, 8,7 cm, 30°, 50°, 100°.

34 wie 33. Aufgabe.

35 **a)** 1. Lösung: 8,5 cm, 5,6 cm, 9,4 cm, 63,4°, 36°, 80,6°;
2. Lösung: 8,5 cm, 9,4 cm, 5,6 cm, 63,4°, 80,6°, 36°;
b) 1. Lösung: 5 cm, 8,6 cm, 6,2 cm, 35°, 99,8°, 45,2°;
2. Lösung: 8,6 cm, 5 cm, 6,2 cm, 99,8°, 35°, 45,2°.

36 **a)** 1. Lösung: 5 cm, 7 cm, 4,1 cm, 45°, 99,6°, 35,4°;
2. Lösung: 5 cm, 4,1 cm, 7 cm, 45°, 35,4°, 99,6°;
b) 1. Lösung: 5,1 cm, 6 cm, 1,9 cm, 53,5°, 110°, 17,5°;
2. Lösung: 1,9 cm, 6 cm, 5,1 cm, 17,5°, 110°, 53,5°;
c) 1. Lösung: 2,8 cm, 6,1 cm, 5 cm, 27,3°, 97,7°, 55°;
2. Lösung: 6,1 cm, 2,8 cm, 5 cm, 97,7°, 27,3°, 55°;
d) 1. Lösung: 10 cm, 8,9 cm, 2 cm, 120°, 50°, 10°;
2. Lösung: 10 cm, 2 cm, 8,9 cm, 120°, 10°, 50°.